Lobna Haouari

Impact de la RFID sur les systèmes de production personnalisée

Lobna Haouari

Impact de la RFID sur les systèmes de production personnalisée

Etude de cas par modélisation et simulation

Presses Académiques Francophones

Impressum / Mentions légales
Bibliografische Information der Deutschen Nationalbibliothek: Die Deutsche Nationalbibliothek verzeichnet diese Publikation in der Deutschen Nationalbibliografie; detaillierte bibliografische Daten sind im Internet über http://dnb.d-nb.de abrufbar.
Alle in diesem Buch genannten Marken und Produktnamen unterliegen warenzeichen-, marken- oder patentrechtlichem Schutz bzw. sind Warenzeichen oder eingetragene Warenzeichen der jeweiligen Inhaber. Die Wiedergabe von Marken, Produktnamen, Gebrauchsnamen, Handelsnamen, Warenbezeichnungen u.s.w. in diesem Werk berechtigt auch ohne besondere Kennzeichnung nicht zu der Annahme, dass solche Namen im Sinne der Warenzeichen- und Markenschutzgesetzgebung als frei zu betrachten wären und daher von jedermann benutzt werden dürften.

Information bibliographique publiée par la Deutsche Nationalbibliothek: La Deutsche Nationalbibliothek inscrit cette publication à la Deutsche Nationalbibliografie; des données bibliographiques détaillées sont disponibles sur internet à l'adresse http://dnb.d-nb.de.
Toutes marques et noms de produits mentionnés dans ce livre demeurent sous la protection des marques, des marques déposées et des brevets, et sont des marques ou des marques déposées de leurs détenteurs respectifs. L'utilisation des marques, noms de produits, noms communs, noms commerciaux, descriptions de produits, etc, même sans qu'ils soient mentionnés de façon particulière dans ce livre ne signifie en aucune façon que ces noms peuvent être utilisés sans restriction à l'égard de la législation pour la protection des marques et des marques déposées et pourraient donc être utilisés par quiconque.

Coverbild / Photo de couverture: www.ingimage.com

Verlag / Editeur:
Presses Académiques Francophones
ist ein Imprint der / est une marque déposée de
OmniScriptum GmbH & Co. KG
Heinrich-Böcking-Str. 6-8, 66121 Saarbrücken, Deutschland / Allemagne
Email: info@presses-academiques.com

Herstellung: siehe letzte Seite /
Impression: voir la dernière page
ISBN: 978-3-8381-4115-2

A mes parents,
à mon frère et à ma sœur.

Remerciements

Au terme de ce travail de recherche, de cette expérience professionnelle et humaine fortement marquante, j'ai l'honneur et l'immense plaisir de remercier toutes les personnes ayant contribué, d'une manière ou d'une autre, à l'accomplissement de cette thèse de doctorat.

Tout d'abord, mes remerciements les plus cordiaux sont adressés à mes directeur et co-encadrant de thèse Pr. Dominique Feillet et Dr. Nabil Absi. L'empreinte de leurs conseils avisés et de leurs idées pertinentes est incontestablement visible dans ce manuscrit. Par ailleurs, je ne peux penser à leur encadrement sans me souvenir de leur disponibilité à chaque fois que j'ai eu besoin d'eux, de leur tolérance à l'égard de mon caractère parfois difficile, de leur comportement toujours respectueux même quand nos avis divergent, de leur sympathie, de leur écoute ainsi que de la liberté qu'ils m'ont accordée tant sur le fond que sur l'organisation du travail. Tous ces points positifs de leur encadrement m'ont permis de mener ce travail de thèse à bon port dans un cadre particulièrement agréable et d'être sincèrement satisfaite de ce que j'ai appris durant mes années de thèse aussi bien sur le plan technique que sur moi-même.

J'adresse également mes remerciements les plus respectueux aux membres du jury : Pr. Pierre Castagna, Pr. Pierre Dejax, Pr. Alexandre Dolgui, Dr. Patrick Pujo. Ils m'ont fait l'honneur d'accepter de rapporter et d'examiner cette thèse de doctorat et m'ont apporté, à travers leurs remarques et leurs questions, un regard plus profond sur le sujet traité et sur les perspectives de recherche envisageables.

Je remercie Pr. Stéphane Dauzère-Pérès pour m'avoir accueillie au sein du département SFL[1], et pour avoir dirigé ce département avec stratégie et bienveillance. En ce qui concerne la gestion des doctorants, je lui suis particulièrement reconnaissante d'avoir mis au point des évaluations annuelles de l'avancement des travaux doctoraux. Je le remercie également pour avoir porté des critiques constructives à l'égard de mon travail à deux reprises et m'avoir indiqué des pistes d'amélioration.

Je remercie M. Alain Verna, M. Florian Dupré et Mme. Elisabeth Garcia de TOSHIBA TEC Europe Imaging Systems pour avoir proposé le cas d'étude industriel qui est à l'origine du sujet de cette thèse et pour m'avoir permis d'observer leurs processus de production et les étudier.

Par ailleurs, pendant les derniers mois de cette thèse, j'ai repris le contact avec mon enseignant référent à l'école d'ingénieurs : Pr. Patrick Garnier. Il m'a aidée à identifier clairement mes

---

[1]Département SFL : Département Sciences de la Fabrication et Logistique.

priorités et m'a encouragée à mettre en œuvre tous les moyens nécessaires pour les satisfaire. Sans ses précieux conseils qu'il qualifie de "service après vente de l'ENSIACET[2]", je n'aurais probablement pas eu le courage de prendre certaines décisions difficiles mais nécessaires pour finir ce travail doctoral. Pour cette raison, je lui exprime toute ma gratitude et ma reconnaissance.

Je tiens à remercier également Véronique Villaréal pour son travail administratif irréprochable. Soucieuse du bien-être des doctorants et de l'avancement de leurs travaux, elle a fait en sorte de nous décharger au maximum des démarches administratives. Sa rigueur au travail, sa motivation et sa gentillesse m'inspire beaucoup de respect et d'estime.

Je ne peux me remémorer ces années de thèse sans penser à la chance que j'ai eue de côtoyer mes collègues du département SFL et du CMP[3] plus généralement. Certains m'ont offert leur amitié, d'autres m'ont aidée dans mes travaux ou ont simplement participé à créer une ambiance très agréable au sein de l'école. Merci à Jean-Etienne Kiba, François Jaujard, Christian Tenza, Jamila El Yousfi, Molka Ben Romdhane, Amir-Pasha Mirbaha, Justin Nduhura, Sylvain Housseman, Gloria Rodriguez, Ali Obeid, Aysegul Sarac, Elisabeth Zehendner, Sadia Azem, Claude Yugma, Pierre Uny, Gracien Counot, Faten Benhizia, Romain Cauchois, Jakey Blue, Diego Cattaruzza, Jean-loup Rouveyrol, Tess Cuello, Thierry Garaix, ainsi qu'à certains doctorants CIFRE[4] dont je garde un très bon souvenir mais dont j'oublie les noms.

A tous les auteurs qui contribuent chaque jour à faire avancer la science et particulièrement à tous ceux qui sont cités dans la bibliographie de ce manuscrit, j'adresse mes remerciements et exprime ma gratitude, car leurs travaux ont constitué la base à partir de laquelle j'ai pu commencer mon travail.

Enfin, je tiens à remercier les membres de ma famille pour tout ce qu'ils ont fait pour moi. Mon frère et ma sœur m'ont souvent soutenue, encouragée et offert leur amitié. En ce qui concerne mes parents, ils ont joué un rôle peut être plus important que le mien dans cette thèse. Ils ont suivi mon éducation avec le plus grand intérêt et m'ont convaincue très jeune de faire une thèse. Leurs encouragements, leur motivation débordante et souvent contagieuse ainsi que leur confiance m'ont soutenue tout au long de mes études. J'ai partagé avec eux toutes mes réussites, et je n'ai pu surmonter certaines difficultés que pour mériter leur fierté. J'ai la chance d'avoir des parents exceptionnels et j'en remercie Dieu.

---

[2]ENSIACET : Ecole Nationale Supérieure des Ingénieurs en Arts Chimiques et Technologiques.
[3]CMP : Centre Microélectronique de Provence.
[4]CIFRE : Conventions Industrielles de Formation par la Recherche. Les doctorants ayant ce genre de contrat sont souvent basés chez l'industriel.

Table des matières

Introduction générale   **19**

1 Etat de l'art   **25**

   1.1   Introduction   26

   1.2   Standardisation versus personnalisation   27

   1.3   CTO et autres stratégies de production hybrides   29

   1.4   Les lignes d'assemblage   34

        1.4.1   Qu'est ce qu'une ligne d'assemblage ?   35

        1.4.2   Quelques caractéristiques des lignes d'assemblage   36

        1.4.3   Le problème d'équilibrage des lignes d'assemblage   41

        1.4.4   Allocation du travail dans les lignes d'assemblage   43

   1.5   IDentification par Radio-Fréquences   44

        1.5.1   Le besoin de traçabilité et de moyens pour l'assurer   44

        1.5.2   Les technologies d'identification par radio-fréquences (RFID)   45

        1.5.3   Quelques applications de la RFID   52

   1.6   Conclusion du chapitre   61

2 Présentation du cas industriel et de l'approche utilisée   **63**

   2.1   Introduction   65

   2.2   Le projet GEOCOLIS   66

   2.3   Objectifs de l'étude   67

   2.4   Le photocopieur configuré à la demande   68

   2.5   Description des processus CTO réels à *Toshiba*   70

        2.5.1   Les processus liés à la CTO au centre logistique (TLC)   71

2.5.2   Les processus liés à la CTO au centre de configuration (TSC) 73

2.6   État du système de production actuel de *Toshiba* et points améliorables 75

2.7   Approche utilisée 77

    2.7.1   Les différentes approches qui existent pour étudier un système 77

    2.7.2   La simulation 78

    2.7.3   La simulation à évènements discrets 80

    2.7.4   Pourquoi avons nous choisi la simulation à évènements discrets ? 81

    2.7.5   Les différentes étapes d'une approche par simulation 81

2.8   Conclusion du chapitre 90

3   Modélisation et simulation de l'introduction d'une technologie RFID   91

3.1   Introduction 93

3.2   Indicateurs de performance 93

    3.2.1   Rendement 95

    3.2.2   Taux d'utilisation des ressources 95

    3.2.3   Temps de séjour (ouvré) 95

    3.2.4   Taux de commandes en retard 96

3.3   Analyse des données industrielles 97

    3.3.1   Modélisation de la demande 98

    3.3.2   Durées de processus 100

    3.3.3   Agrégation des types d'articles 100

    3.3.4   Temps de séjour réels et temps de séjour ouvrés 101

3.4   Entités et structure du modèle 102

3.5   Description des processus modélisés 106

    3.5.1   En amont et dans le centre logistique 107

    3.5.2   Dans le centre de configuration 115

3.6   Dimensionnement et affectation des ressources au TSC 119

    3.6.1   Estimation mensuelle 120

    3.6.2   Estimation quotidienne 121

3.7   Mise en œuvre de la simulation 123

    3.7.1   Les outils d'analyse et de modélisation utilisés 123

3.7.2   Développement du modèle 124

3.7.3   Vérification du modèle 125

3.7.4   Validation du modèle 126

3.7.5   Validation du scénario de base 127

3.7.6   Validation des scénarios RFID 128

3.7.7   Nombre de réplications 128

3.8   Expérimentation RFID 129

    3.8.1   Présentation des expérimentations 129

    3.8.2   Résultats 133

    3.8.3   Bilan 135

3.9   Conclusion du chapitre 137

4   Amélioration du dimensionnement et de l'affectation des ressources   139

4.1   Introduction 141

4.2   Modèle de simulation réduit et nouvelles simplifications 141

    4.2.1   Nouvelles simplifications et hypothèses 142

    4.2.2   Indicateurs de performance 143

    4.2.3   Données d'entrée du modèle 144

    4.2.4   Vérification du "modèle réduit" 146

    4.2.5   Validation du "modèle réduit" 146

4.3   Choix des meilleurs coefficients de répartition des ressources 149

    4.3.1   Optimisation des coefficients de répartition des ressources pour le scénario de base (système actuel) 150

    4.3.2   Optimisation des coefficients de répartition des ressources pour le scénario intégrant une technologie RFID 154

4.4   Nouvelles méthodes de dimensionnement et d'affectation des ressources 156

    4.4.1   Hypothèses et données 157

    4.4.2   Méthodes en deux phases (1 et 2) 158

    4.4.3   Méthode 3 160

4.5   Comparaison des différentes méthodes de dimensionnement et d'affectation des ressources 161

4.6   Expérimentation sur l'éventuelle reconfiguration de l'atelier 164

4.7 Conclusion du chapitre 165

Conclusion générale et perspectives de recherche   **167**

Conclusion générale 167

Perspectives de recherche 169

Temps ouvré et temps réel   **183**

Table des figures

1.1 Thèmes bibliographiques liés à cette étude 27

1.2 Principe de la production de masse [Belmokhtar 2006] 28

1.3 Spectre des stratégies de production entre standardisation et personnalisation . . 30

1.4 De la MTS à la MTO 30

1.5 Stratégies des opérations par secteur [Cohen et al. 2005] 32

1.6 Exemple d'une ligne d'assemblage manuel utilisant des transpalettes comme système de transport 35

1.7 Evolution de la production dans une ligne rythmée 36

1.8 Ligne d'assemblage en U 38

1.9 Quelques causes à l'origine du besoin de traçabilité 46

1.10 Composants principaux d'un système RFID [Kleist et al. 2005, p. 27] 47

1.11 Puce RFID de marque Hitachi mesurant $0,4 \times 0,4\,\text{mm}$ 48

1.12 Puce RFID de marque Hitachi mesurant $0,05 \times 0,05\,\text{mm}$ 48

1.13 Exemple d'étiquettes RFID 48

2.1 Positionnement du sujet de thèse par rapport au projet GEOCOLIS 65

2.2 Exemple d'un photocopieur TOSHIBA 69

2.3 Vue d'ensemble des bâtiments et des flux CTO 71

2.4 Les processus dans le centre logistique 72

2.5 Les processus dans le centre de configuration 74

2.6 Les différentes approches pour étudier un système [Law et Kelton 2000, p. 4] . . 78

2.7 Discrétisation du temps dans la simulation à évènements discrets 80

2.8 Les étapes d'une démarche de simulation, adapté de [Law et Kelton 2000] 82

2.9 Classement des outils de simulation selon [Law et Kelton 2000] 86

3.1   Comparaison de la demande réelle et de la demande simulée 99

3.2   Types de photocopieurs 101

3.3   Structure du modèle de l'activité CTO de *Toshiba* 105

3.4   Création d'une marchandise et approvisionnement au centre logistique 107

3.5   Réception et saisie informatique de la marchandise à l'entrée du TLC 108

3.6   Stockage en palettiers dans le système réel de *Toshiba* 109

3.7   Stockage de la marchandise approvisionnée 110

3.8   Création des commandes 111

3.9   Création des tournées de déstockage 113

3.10 Déstockage des articles d'une tournée 114

3.11 Préparation des commandes et transfert vers le TSC 115

3.12 Processus de rempotage 115

3.13 Arrivée des commandes au TSC et saisie informatique 116

3.14 Déballage des commandes et test du diélectrimètre 117

3.15 Montage des options sur les photocopieurs et réparation 117

3.16 Saisie et filmage 118

3.17 Expédition des commandes vers les plateformes logistiques 119

3.18 Etapes du dimensionnement et de l'affectation dynamiques des ressources au TSC 120

3.19 Exemple de code Automod 124

3.20 Rendement 133

3.21 Taux d'utilisation des ressources 134

3.22 Temps de séjour 135

3.23 Taux de commandes en retard 136

4.1   Historique des arrivées de commandes à l'entrée du TSC 145

4.2   Comparaison entre les temps de séjour du modèle et les temps de séjour réels . . 147

4.3   Coefficients normalisés obtenus suite à la minimisation du temps de séjour pour
le modèle en scénario de base 152

4.4   Coefficients normalisés obtenus suite à la minimisation du temps de séjour pour
le modèle en scénario RFID 156

4.5   Comparaison des 3 méthodes de répartition des ressources au niveau des retards . 162

Table des figures

4.6 Comparaison des 3 méthodes de répartition des ressources au niveau du nombre de commandes satisfaites 162

4.7 Comparaison des 3 méthodes de répartition des ressources au niveau du temps de séjour 163

4.8 Comparaison des 3 méthodes de répartition des ressources au niveau du nombre cumulé de ressources 163

4.9 Comparaison des 3 méthodes de répartition des ressources au niveau de l'efficience 164

.10 Temps de cycle sans weekend (premier cas) 185

.11 Temps de cycle sans weekend (second cas) 186

Liste des tableaux

1.1 Caractéristiques des différentes stratégies de production, adapté de [Cohen et al. 2005] 33

1.2 Objectifs du problème d'équilibrage de ligne d'assemblage (ALBP) [Ghosh et Gagnon 1989] 42

1.3 Avantages et inconvénients de la RFID par rapport à l'identification par codes-barres 51

2.1 Caractéristiques de la ligne d'assemblage liée à cette étude 75

3.1 Distribution de la demande (modèle) 99

3.2 Ressources utilisées dans le modèle 104

3.3 Composition de la marchandise approvisionnée en types d'articles 108

3.4 Nombre d'articles par lot suivant les types d'articles 109

3.5 Composition de la demande suivant les types de photocopieurs 110

3.6 Nombre d'options dans une commande 111

3.7 Probabilités de chaque type d'option sachant le type de photocopieur dans une commande donnée 112

3.8 Durée de la saisie à l'entrée du TSC 116

3.9 Durée du processus de déballage et du test du diélectrimètre 116

3.10 Durée du processus de montage 117

3.11 Durée du processus de réparation 118

3.12 Durée des processus de saisie et de filmage à la sortie du TSC 118

3.13 Changements apportés par l'introduction d'une technologie RFID par rapport au scénario de base 132

3.14 Tableau des résultats 136

4.1   Coefficients de répartition des ressources 145

4.2   Les encours au TSC au début de la simulation 147

4.3   Comparaison entre les temps de séjour du modèle et les temps de séjour réels . . 148

4.4   Comparaison entre les caractéristiques les temps de cycle réels et issus du modèle 148

4.5   Intervalles des variables à optimiser (coefficients de répartition des ressources) . . 150

4.6   Paramétrage des tests d'optimisation 150

4.7   Coefficients obtenus suite à la minimisation du temps de séjour pour le modèle en scénario de base 151

4.8   Extrait des solutions proposées pour la minimisation du nombre de commandes en retard pour le scénario de base 153

4.9   Résultats de la maximisation du nombre de commandes satisfaites pour le scénario de base 153

4.10 Coefficients obtenus suite à la minimisation du temps de séjour pour le scénario RFID 155

4.11 Résultats de la minimisation du nombre de commandes en retard pour le scénario RFID (extrait) 155

4.12 Résultats de la maximisation du nombre de commandes satisfaites pour le scénario RFID 157

4.13 Résultats de la comparaison des trois méthodes de répartition des ressources . . . 161

4.14 Résultats des expérimentations sans nombres maximums de ressources au niveau des activités 165

Liste des abréviations

ATO	Assemble-To-Order	TIC	Technologies de l'Information et de la Communication
BTO	Build-To-Order	TLC	Toshiba Logistic Center
BTS	Build-To-Stock	RFID	Radio Frequency IDentification
CTO	Configuration-To-Order	TSC	Toshiba Setup Center
MTO	Make-To-Order		

Introduction générale

Présentation du problème

En raison de plusieurs évolutions idéologiques et technologiques, les marchés d'aujourd'hui se transforment, graduellement, en des marchés ouverts, complexes et exigeants. La mondialisation joue un rôle essentiel dans ce changement, en créant un contexte de concurrence de plus en plus acerbe. Les prix doivent être plus bas, la qualité meilleure et la disponibilité des produits ou des services plus grande, cela sans parler des goûts diversifiés et évolutifs des clients qui doivent être pris en compte. Par conséquent, les entreprises se voient contraintes d'améliorer, sans cesse, leurs processus et leurs stratégies. Plus encore, la performance individuelle d'une entreprise étant liée à la performance de ses collaborateurs (fournisseurs, distributeurs...), les améliorations doivent prendre en compte la chaîne logistique[5] dans sa globalité. Et cela demande une collaboration étroite entre des métiers différents tels que la gestion de la production, des stocks, du transport, la qualité et bien d'autres.

La notion de traçabilité constitue un des domaines clé de cette tendance. En effet, être capable de recueillir et d'utiliser les informations adéquates sur ses produits tout au long de leur cycle de vie peut être d'une grande utilité sur plusieurs plans. Sur le plan stratégique, par exemple, l'analyse statistique de données fournies par les outils de traçabilité, peut orienter la réflexion vers les axes d'amélioration possibles. Sur le plan tactique, la visibilité des produits par tous les maillons d'une même chaîne logistique, permet une meilleure planification des activités, donc une plus grande productivité pour l'ensemble des collaborateurs. Enfin, sur le plan opérationnel, la connaissance de l'emplacement des produits dans l'usine et de l'état d'avancement de leur processus de production, en temps réel, peut rendre la gestion de la production efficace et très réactive aux imprévus.

Par ailleurs, la réglementation devient de plus en plus exigeante au niveau de la traçabilité des produits. Par conséquent, l'intérêt des industriels à cette notion est accentué, soit simplement pour respecter la loi, soit pour prévoir une éventuelle évolution législative. En outre, les

---

[5][Ballou 2004] définit la chaîne logistique comme étant un ensemble d'activités, directement ou indirectement, liées à la création d'un produit ou d'un service en vue de satisfaire la demande d'un client. [Sarac 2010] ajoute qu'une chaîne logistique est constituée d'un ou plusieurs acteurs tels que les fournisseurs, les transporteurs, les producteurs, les distributeurs, les détaillants, les clients, etc.

organismes de normalisation ont publié plusieurs normes relatives à la traçabilité dans différents secteurs comme la chaîne alimentaire par exemple (e.g. ISO 22005 :2007[6]).

Pour répondre, donc, à ces exigences, les entreprises ont profité des progrès liés à l'informatique et à sa capacité grandissante de stockage et de traitement des données, ainsi que du développement de certaines technologies d'identification automatique[7]. En effet, ces technologies permettent d'identifier des objets ou des êtres vivants (personnes ou animaux) et de collecter des informations les concernant souvent sans intervention humaine, chose qui rend, en général, la tâche plus rapide et plus fiable à la fois. Parmi ces technologies, on trouvera certains systèmes de codes-barres, l'identification par la biométrie, les cartes magnétiques, les cartes à puce, et notamment, l'IDentification par Radio-Fréquences (RFID).

Cette dernière permet une identification très rapide et efficace des objets. Elle est souvent comparée au système de codes-barres qui est, actuellement, l'outil d'identification de produit le plus répandu dans les chaînes logistiques. La comparaison montre des avantages considérables pour les technologies RFID, tels que la lecture à distance et sans ligne de visée, la grande mémoire, la lecture simultanée de plusieurs étiquettes et la possibilité de modifier l'information stockée dans l'étiquette tout au long du cycle de vie du produit. De cela résultent une qualité accrue et des coûts de fonctionnement réduits si le choix de la technologie est adéquat. De plus, le coût de l'identification par radio-fréquences qui constitue un des freins principaux à son adoption est de moins en moins élevé. Au regard du potentiel de cette technologie, on ne peut que lui prédire un avenir florissant.

Néanmoins, l'apport de l'adoption d'un système d'identification par radio-fréquences varie suivant les cas et dépend de plusieurs paramètres tels que l'état actuel du système, la politique de production, la nature du produit et de la demande... Nous nous intéresserons particulièrement, dans cette étude, aux systèmes de configuration ou d'assemblage à la demande. Ces systèmes sont caractérisés par une approche de production hybride où des produits semi-finis sont fabriqués sur stock, tandis que leur assemblage en produits finis n'est fait qu'après la réception de la commande du client, l'objectif étant, en général, de prendre en compte ses préférences. Notons que la configuration à la demande est un cas particulier de l'assemblage à la demande et concerne l'assemblage final. Ce genre de système est, généralement, caractérisé par une grande variété de produits, une demande variable, et des délais de production contraignants. La variété des produits vient de la volonté de prendre en compte les goûts et les besoins du client et du grand nombre de configurations possibles d'un même produit de base. Quant aux délais de production, les industriels cherchent à les minimiser, à tout prix, car ils font partie de la durée d'attente du client, contrairement au cas de la production sur stock. Dans cet environnement de production complexe, la visibilité des produits revêt une grande importance et la collecte d'information en

---

[6]*L'ISO 22005 :2007 fixe les principes et spécifie les exigences fondamentales s'appliquant à la conception et à la mise en œuvre d'un système de traçabilité de la chaîne alimentaire. Ce système peut être appliqué par un organisme opérant à un niveau quelconque de la chaîne alimentaire.* Extrait du résumé décrivant la norme sur le site internet de l'ISO.

[7]L'identification automatique est appelée Auto-ID, Automatic Identification and Data Capture ou AIDC dans la littérature en anglais.

temps réel devient, à la fois, utile et nécessaire. Par conséquent, l'apport des technologies RFID est d'autant plus intéressant et prometteur dans ce genre de systèmes.

Objectifs de la thèse

Dans cette thèse, nous nous intéressons à l'introduction d'une technologie RFID dans un système de configuration à la demande de photocopieurs constitué d'un entrepôt et d'une ligne d'assemblage. Nous observons, dans un premier temps, les changements directs apportés par la technologie tels que la diminution des durées de processus ou la libération de ressources. Ces changements dans le système ont une influence sur sa performance en termes de temps de séjour, de taux de retard des commandes, de taux d'utilisation des ressources, etc. Dans un deuxième temps, nous profitons de l'augmentation de la visibilité des produits dans le système et de la facilité de collecter une grande quantité de données, avec une technologie RFID, pour apporter des changements plus profonds en terme d'allocation de la charge de travail au niveau de la ligne d'assemblage.

Une analyse de l'état de l'art sur l'introduction de technologies RFID dans des systèmes industriels nous mène à formuler plusieurs conclusions.

De la chaîne logistique, les applications de l'identification par radio-fréquences se sont progressivement propagées pour inclure également le processus de production. Cependant, il existe très peu d'applications sur des cas réels, dans la littérature [Wei et al. 2010], en particulier, en ce qui concerne les lignes d'assemblage. De surcroît, le nombre réduit d'études sur le sujet est généralement orienté vers l'implémentation de la technologie et aborde des aspects techniques ou logiciels sans une réelle comparaison entre les performances du système avant et après l'introduction d'une technologie RFID. L'originalité de nos travaux réside donc en partie dans la comparaison détaillée entre un système réel basé sur l'utilisation de codes-barres pour l'identification des produits et un système simulé intégrant une technologie RFID. Un second aspect de l'originalité de cette étude concerne le fait de repenser certains processus et de proposer des changements plus profonds que les simples apports directs de l'identification par radio-fréquences. A ce sujet, [Klein et Thomas 2009] affirment que la RFID peut permettre de repenser le processus traditionnel de prise de décision. Cependant, ils n'ont pas trouvé de publications soulignant, de façon suffisante, cet avantage de l'identification par radio-fréquences. Notre étude a pour but d'apporter un regard original sur les possibilités offertes par la technologie dans un cas d'étude réel.

De pair avec l'originalité, l'un des éléments importants qui conditionnent la valeur d'une étude est son *utilité*. Les études théoriques abordant l'introduction de technologies RFID dans des systèmes très simplifiés ou fictifs peuvent être très utiles pour proposer des pistes de réflexion et souligner les apports de la technologie de façon qualitative. Cependant, certains résultats quantitatifs issus de ce genre d'études peuvent être difficiles voire dangereux à exploiter de façon directe. Certains auteurs déconseillent l'utilisation de leurs résultats numériques directement [Lee et al. 2004]. [Dolgui et Proth 2010b] soulignent le fait que la littérature concernant l'impact des technologies RFID offre des résultats *flous* et *souvent simplement qualitatifs*. En parlant des apports liés à la réduction des stocks, ils affirment que *certaines estimations ne sont ni précises, ni cohérentes*, au vu de la variabilité des valeurs numériques proposées.

Il est, par conséquent, nécessaire et très *utile* d'étudier des cas industriels réels pour mesurer ou estimer l'impact de l'identification par radio-fréquences qui est une technologie *relativement immature* selon [Poon et al. 2011]. Par ailleurs, la vraisemblance des solutions proposées par des études basées sur des modèles fictifs peut aussi être prouvée ou réfutée par les études de cas réels. Notre étude s'inscrit dans la lignée des études basées sur un cas industriel réel. Elle propose, par une approche de simulation, une comparaison quantitative entre la performance du système réel actuel et son évolution en un système doté d'une technologie RFID.

Plan de lecture

La suite de ce manuscrit est organisée en cinq chapitres.

Le premier chapitre présente un état de l'art diversifié qui aborde les problématiques clés liées à notre étude. L'orientation vers la personnalisation du produit y est d'abord décrite. Ensuite, les différentes approches de production qui en découlent sont présentées, et plus particulièrement l'assemblage et la configuration à la demande. Nous présentons, par la suite, les lignes d'assemblage, certaines de leurs caractéristiques et quelques problématiques les concernant (équilibrage et allocation de la charge de travail). Enfin, le chapitre se termine par une section dédiée à l'une des technologies de traçabilité les plus prometteuses : l'IDentification par Radio-Fréquences dont l'utilisation au niveau des systèmes de production permettrait de grandes améliorations.

Le second chapitre traite d'abord du cas industriel sur lequel est axé ce travail de thèse puis présente l'approche méthodologique que nous adopterons. L'étude est faite dans le cadre d'un projet appelé GEOCOLIS et porté par une unité de production appartenant au groupe TOSHIBA-TEC. Le projet ainsi que l'unité de production sont présentés dans les deux premières sections du chapitre. Puis, les objectifs de notre travail sont formulés. Ensuite, le produit final ainsi que les processus industriels réels sont décrits de façon succincte. Cette présentation du cas industriel se conclue par une section où nous portons un regard critique sur le système existant et les éventuels points améliorables en relation avec les objectifs de notre étude. Le dernier volet de ce second chapitre traite du cadre méthodologique de l'étude. La simulation y est présentée et particulièrement la simulation à évènements discrets. Puis les différentes étapes de la démarche sont exposées.

Le troisième chapitre aborde la modélisation du système industriel complet et la simulation de quelques apports possibles de l'introduction d'une technologie RFID dans ce système. L'accent est mis sur des impacts directs de la technologie tels que la réduction des durées de processus ou la libération de certaines ressources. La première partie du chapitre introduit les indicateurs de performance sélectionnés pour l'étude et caractérise les données d'entrée utilisées. Dans un second temps, une description détaillée de la modélisation réalisée est présentée. Le chapitre se conclut par la présentation des résultats expérimentaux et leur analyse.

Dans le quatrième chapitre, une partie du système est analysée plus en détail : l'allocation des ressources dans un atelier de configuration à la demande (assemblage), et des améliorations plus profondes sont proposées. Une grande partie de ces améliorations n'est rendue possible que grâce à l'utilisation d'une identification évoluée des produits comme la RFID. Pour évaluer les améliorations proposées, un nouveau simulateur est décrit, plus restreint, plus simple et plus générique. Ce chapitre est conclut par des expérimentations comparant les différentes méthodes de dimensionnement et d'affectation des ressources.

Les conclusions de ce travail de thèse ainsi que les perspectives de recherche sont présentées dans le dernier chapitre.

Chapitre 1

Etat de l'art

Ce chapitre traite du contexte bibliographique de notre étude. Il a pour objectif d'introduire les éléments nécessaires à la compréhension des chapitres suivants. Nous y abordons, rapidement, quelques modes de production et, plus particulièrement, la configuration à la demande. Ensuite, nous présentons les lignes d'assemblage (dont la configuration à la demande est un cas particulier), quelques unes de leurs caractéristiques et problématiques. Enfin, nous présentons une des solutions les plus prometteuses, en ce moment, en termes de traçabilité et d'amélioration de la productivité : l'identification par radio-fréquences.

Les sections seront organisées comme suit.

* 1.1 Introduction

* 1.2 Standardisation versus personnalisation

* 1.3 CTO et autres stratégies de production hybrides

* 1.4 Les lignes d'assemblage

* 1.5 IDentification par Radio-Fréquences

* 1.6 Conclusion du chapitre

1.1 Introduction

La production de masse[1] est un mode de production qui a débuté au siècle dernier. Ses caractéristiques emblématiques sont la standardisation des produits et l'optimisation de toutes les étapes du processus productif. Il a, cependant, évolué, au cours du temps, influencé par l'apparition de technologies nouvelles et par les philosophies changeantes des managers et les exigences, de plus en plus affirmées, des consommateurs. Partant de la standardisation la plus pure, la production de masse est aujourd'hui capable de tolérer une très grande variété et de s'adapter aux goûts et besoins du client, à des degrés différents. On parlera de *customisation* ou *personnalisation de masse*.

Parmi les modes de production issus du compromis entre standardisation et personnalisation, on trouve la configuration à la demande (CTO[2]). Elle consiste à proposer au client un large choix de composants qui constitueront, après assemblage, un produit final configuré selon sa demande. Il s'agit, comme on peut le voir, d'un cas particulier de l'assemblage à la demande. L'environnement CTO comporte certaines spécificités et problématiques qu'il convient d'aborder avant d'entamer notre étude de cas (voir les chapitres suivants). Cependant, la littérature concernant la CTO est très limitée et ne traite pas les problématiques qui nous intéressent. Nous élargirons donc notre étude bibliographique aux lignes d'assemblage. Ces dernières ont des caractéristiques qui les différencient telles que le rythme, le degré d'automatisation, et le nombre de types de produits assemblés... Ce thème sera détaillé dans la Section 1.4.2. Nous présenterons également deux problématiques spécifiques aux lignes d'assemblage, à savoir l'équilibrage et l'allocation de la charge de travail. L'équilibrage d'une ligne d'assemblage est une décision stratégique qui fait partie de la phase de conception ou de reconfiguration de la ligne. Il consiste en le regroupement et l'affectation des différentes tâches élémentaires aux postes de travail qui composent la ligne d'assemblage, tout en respectant les contraintes de précédence des tâches et en optimisant un ou plusieurs critères tels que la productivité ou le temps de cycle. La seconde problématique concerne l'allocation de la charge de travail. Il s'agit cette fois-ci de décisions opérationnelles permettant d'utiliser au mieux les ressources disponibles. On notera que la première problématique (l'équilibrage de ligne d'assemblage) n'a pas de lien direct avec notre travail ; il nous a cependant semblé nécessaire d'en donner un aperçu parce que l'allocation de la charge de travail ne peut se faire, dans de bonnes conditions, que si la ligne a été convenablement équilibrée au préalable.

Après avoir exposé différents modes et aspects de la production, nous présenterons, dans la dernière section du chapitre, une solution d'actualité permettant d'améliorer la performance des systèmes de production, entre autres, et d'accroître la traçabilité des produits notamment. Il s'agit de l'IDentification par Radio-Fréquences (RFID). Nous aborderons, rapidement, certains aspects technologiques, puis nous détaillerons les avantages qu'offrent cette solution et ses applications possibles.

---

[1]*Mass production* en anglais.
[2]Acronyme issu de *Configuration To Order* en anglais.

La Figure 1.1 résume les liens unissant la bibliographie diversifiée présentée dans ce chapitre avec l'étude de cas que nous détaillerons dans les chapitres suivants.

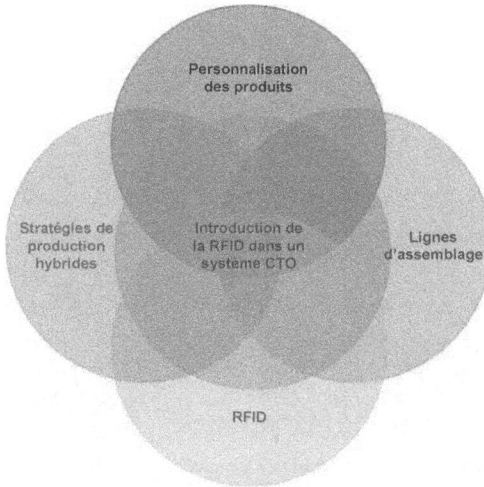

FIGURE 1.1 – Thèmes bibliographiques liés à cette étude

1.2 Standardisation versus personnalisation

Le siècle dernier a connu un grand enthousiasme pour la production et la distribution de masse. Selon [Belmokhtar 2006], la démonstration théorique de l'intérêt de cette stratégie a été présentée, pour la première fois, par K. Bücher, en 1910. En notant le coût fixe a, la quantité fabriquée x et le coût variable bx, on déduit le coût total $f(x) = a + bx$ et le coût unitaire $u(x) = \frac{a}{x} + b$. Cette dernière expression montre bien que le coût unitaire $u(x)$ diminue avec l'augmentation du volume fabriqué x. D'où l'intérêt de la production de masse. La Figure 1.2 illustre notre propos.

Dans leur engouement pour la production de masse, les industriels ont considéré la standardisation comme le meilleur moyen pour atteindre leurs objectifs. Ainsi, les besoins et les goûts des consommateurs étaient fortement standardisés. [Lampel et Mintzberg 1996] rapportent que *certaines grandes sociétés ont construit leur fortune en transformant des marchés fragmentés et hétérogènes en des industries unifiées*. La Ford T[3], par exemple, était produite en couleur

---

[3]La Ford T est un modèle de voiture introduit en 1908. Sa simplicité à conduire et son coût faible lui valent un grand succès populaire, puisque produite à plus de 15 millions d'exemplaires entre 1908 et 1927 selon [Hitomi

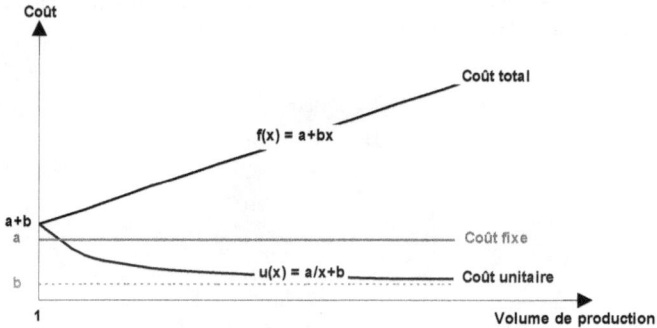

FIGURE 1.2 – Principe de la production de masse [Belmokhtar 2006]

noire uniquement [Batchelor 1994]. Dans cet environnement industriel rigide et largement accepté, considérer le client comme un élément unitaire était perçu comme contre-productif, voire *économiquement suicidaire* et *une route vers l'enfer* [Urwick 1943].

Toutefois, dans les dernières décennies, les Technologies de l'Information et de la Communication (TIC) ont réalisé une grande percée technologique. En parallèle à cela, l'industrie et le marché se sont mondialisés et les consommateurs sont devenus plus exigeants sur la qualité, le prix et la personnalisation des produits [Viñals 2006]. Par conséquent, l'interaction complexe entre ces éléments a créé un nouvel environnement concurrentiel où les entreprises sont forcées d'améliorer continuellement leurs processus et de repenser leurs stratégies. La prise en compte des différences entre les marchés, les catégories de consommateurs, voire les consommateurs d'une façon individuelle, n'est plus considérée comme un gaspillage de temps et d'argent. Aujourd'hui, il s'agit d'un avantage concurrentiel.

Néanmoins, et heureusement, l'optimisation de la production et la recherche de la performance, héritage du siècle dernier, ont laissé des traces indélébiles sur les approches utilisées pour gérer la chaîne de production et la chaîne logistique. L'économie d'échelle et l'élimination des gaspillages à tous les niveaux (coûts, temps, ressources...) sont des notions toujours d'actualité. Ainsi, la personnalisation moderne est différente de la personnalisation des siècles précédents. Aujourd'hui, on parle de *mass customization* traduit par *adaptation* ou *personnalisation de masse* en français.

[Tseng et al. 2010] définissent *l'adaptation au client (customization)* comme la différenciation du produit pour des segments distincts du marché et ils l'opposent à la *personnalisation* qui vise à satisfaire chaque client individuellement. [Viñals 2006], par contre, ne différencie pas les

---

1996]. Dans une illustration de la standardisation la plus extrême, on reprend souvent la phrase de Henry Ford à ce propos : "any colour you want, as long as it's black."

deux concepts. Il traduit, en effet, le terme anglais *customization* par *personnalisation*, comme le préconise le centre linguistique du Québec.

En plus de son avantage concurrentiel lié au choix offert au client, la personnalisation permet de réduire considérablement les stocks et les invendus, voire de les éliminer. Cependant, la durée d'attente du client croît de façon significative, puisque le délai de fabrication est inclus dans cette durée d'attente. D'autres inconvénients de la personnalisation consistent en des processus plus complexes et une variabilité plus grande des paramètres liés à la fabrication et à la distribution (durée de processus, besoin en ressources, demande des clients, etc.). Par conséquent, plusieurs entreprises ont opté pour le compromis en adoptant des stratégies hybrides alliant des étapes où les produits sont standardisés et fabriqués sur stock et d'autres étapes où les produits sont personnalisés et fabriqués à la demande du client. A ce sujet, de nombreux articles abordent la question intéressante du *point de découplage de la commande du client*[4] [van Donk 2001], appelé aussi *point de pénétration de la commande*[5] [Olhager 2003]. En d'autres termes, il s'agit d'optimiser le choix de l'étape avant laquelle les produits sont fabriqués sur stock et à partir de laquelle les commandes des clients sont prises en compte et le produit fabriqué à la demande. Dans ce contexte, [Kerkkanen 2007] présente un processus de décision destiné à une usine d'acier voulant passer d'une stratégie où la fabrication est, uniquement, faite à la demande à une stratégie incluant une partie standardisée dans le processus de fabrication.

Par ailleurs, [Lampel et Mintzberg 1996] affirment qu'il y a une continuité de stratégies hybrides entre la standardisation pure et la personnalisation pure. Ils séparent le processus de production en quatre étapes (conception, fabrication, assemblage et distribution). Ensuite, ils classent les stratégies de production dans cinq catégories, de la standardisation pure à la personnalisation pure (voir Figure 1.3). Les stratégies contiennent des étapes standardisées et d'autres personnalisées. Le nombre d'étapes personnalisées augmente à l'approche de la personnalisation pure. On notera que, dans les stratégies incluant des étapes standardisées, on commence toujours par la partie standardisée du processus, pour ensuite entamer la personnalisation après le point de découplage.

1.3 Configuration à la demande et autres stratégies de production hybrides

Comme mentionné précédemment, il existe de nombreuses stratégies de production situées entre la personnalisation et la standardisation pures. Parmi ces stratégies, on trouve souvent, dans la littérature, les termes : fabrication sur stock (Build To Stock ou BTS), conception à la demande[6](Make To Order ou MTO), fabrication à la demande[6] (Build To Order ou BTO), assemblage à la demande[6] (assembly To Order ou ATO), et dans une moindre mesure, configuration à la demande[6] (Configuration To Order ou CTO). La Figure 1.4 montre le rapprochement ou

---

[4]Customer Order Decoupling Point (CODP) en anglais.
[5]Order Penetration Point (OPP) en anglais.

Standardisation parfaite	Standardisation segmentée	Standardisation personnalisée	Personnalisation sur mesure	Personnalisation parfaite
Conception	Conception	Conception	Conception	Conception
Fabrication	Fabrication	Fabrication	Fabrication	Fabrication
Assemblage	Assemblage	Assemblage	Assemblage	Assemblage
Distribution	Distribution	Distribution	Distribution	Distribution

Standardisation   Personnalisation

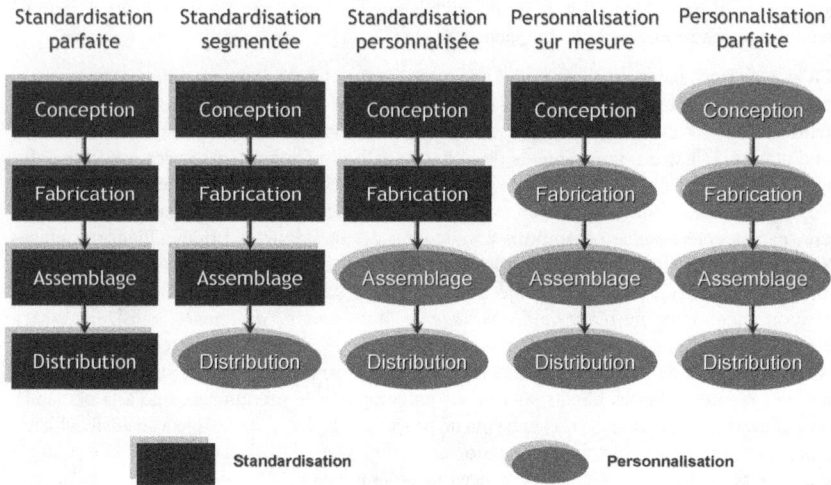

FIGURE 1.3 – Spectre des stratégies de production entre standardisation et personnalisation, adapté de [Viñals 2006] et [Lampel et Mintzberg 1996].

l'éloignement de ces stratégies de la standardisation et de la personnalisation pures.

BTS   CTO   ATO   BTO   MTO

Standardisation   Personnalisation

FIGURE 1.4 – De la MTS à la MTO

Fabrication sur stock (Build-To-Stock ou BTS) est une stratégie où la production est faite en anticipant la demande. Les produits finis, sont standardisés, fabriqués en grandes quantités, et restent en stock en attendant d'être vendus. Les avantages les plus notables de cette stratégie sont la réalisation d'économies d'échelle [Sen et al. 2004], les coûts de fabrication réduits et la réponse rapide à la demande des clients. Cependant, la stratégie a des inconvénients tels que le manque de flexibilité [Sen et al. 2004], les coûts de stockage et d'invendus relativement élevés, et l'obligation de maîtriser la prévision de la demande.

---

[6]L'expression "*à la commande*" est parfois utilisée pour remplacer "*à la demande*".

Fabrication à la demande (Build-To-Order ou BTO) est une stratégie où la réception des commandes des clients précède la production, à l'exception de l'étape de conception du produit [Sen et al. 2004]. La stratégie s'applique à des produits hautement personnalisés ou peu demandés [Cohen et al. 2005] et permet de maintenir un niveau de stock très réduit. Son avantage principal est la satisfaction du client à travers la personnalisation. Cependant, ses limites sont le coût de production relativement élevé, le temps de cycle assez long, et la planification de la production qui ne peut être faite à l'avance [Sen et al. 2004].

Conception à la demande (Make-To-Order ou MTO) est une stratégie très proche de la fabrication à la demande (BTO) mais où la phase de conception du produit est réalisée après la commande du client, la personnalisation est donc plus étendue dans ce cas. Elle s'adresse aux entreprises qui conçoivent et fabriquent des produits sur mesure pour chaque client [Cohen et al. 2005]. Cette stratégie permet de répondre à des besoins spécifiques du client, particulièrement dans le cas de produits complexes. Mais elle est caractérisée par de longs délais d'attente pour le client. Par ailleurs, des difficultés potentielles liées à la nouveauté du produit peuvent être rencontrées lors des différentes étapes de conception et de production.

Assemblage à la demande (Assembly-To-Order ou ATO) est une combinaison de BTS et de BTO. Les composants du produit final sont standards et fabriqués sur stock, mais l'assemblage est déclenché à la réception des commandes des clients. Les produits finis sont personnalisés puisque les clients peuvent choisir parmi un grand nombre de combinaisons possibles de composants standards. [Sen et al. 2004] affirment que l'ATO peut fournir *des produits bon marché avec une meilleure personnalisation et une livraison plus rapide que le BTO*.

Configuration à la demande (Configuration-To-Order ou CTO) [Song et Zipkin 2003] définissent la CTO comme étant un cas particulier de l'ATO : *les composants sont divisées en sous-ensembles, et le client sélectionne les composants à partir de ces sous-ensembles.* [Cohen et al. 2005] la définissent comme étant une stratégie hybride où toute la partie générique d'un produit est fabriquée sur stock mais la finalisation du produit est faite après la réception d'une commande. La CTO permet de proposer aux clients des produits en plusieurs versions, de réduire ou d'éliminer les stocks de produits finis et de répondre à la demande du client de façon plus rapide que dans le cas d'une fabrication à la demande (BTO). Elle est aussi capable de proposer des produits bon marché en raison d'un coût de production faible en comparaison avec le BTO. Néanmoins, l'industriel adoptant une stratégie CTO a la contrainte de minimiser les durées de séjour des produits car il s'agit d'une grandeur perçue par le client, contrairement au cas du BTS. Un autre inconvénient de la CTO est le maintien d'un stock de composants et de sous-ensembles non négligeable.

Remarque. *On notera que les stratégies de production dites "à la demande" permettent une personnalisation plus ou moins importante du produit car la commande du client intervient avant la fin du processus productif. Cependant, il est possible de limiter le rôle du passage de commande* *uniquement au déclenchement d'une étape de production, sans recours à la personnalisation. Un des avantages serait la diminution ou la suppression des stocks et des invendus.*

De même, il est également possible de produire sur stock tout en intégrant une part de personnalisation. L'exemple des produits adaptés à des marchés différents illustre bien notre propos (e.g. automobiles pour le marché anglais où le poste de conduite est positionné à droite, voitures économiques pour le marché maghrébin...).

Le Tableau 1.1 résume les avantages et les inconvénients des stratégies de production ci-avant détaillées. Il présente aussi les cas dans lesquels il convient classiquement de choisir telle ou telle stratégie. On notera que le choix dépend de la philosophie des gestionnaires ainsi que de la nature du produit et du marché.

Dans la Figure 1.5, nous présentons la part que prennent les différentes stratégies de production dans plusieurs secteurs. On remarquera que la fabrication sur stock est largement majoritaire dans plusieurs secteurs tels que les biens de grande consommation, la chimie, la pharmacie, l'aéronautique, la défense, l'industrie automobile et les appareils médicaux. La fabrication à la commande, quant à elle, couvre une partie non négligeable de la production dans certains domaines tels que la fabrication de semi-conducteurs (plus de 80%) et l'informatique (plus de 40%). Par ailleurs, la configuration à la demande prend une part plus ou moins importante dans certains secteurs tels que l'informatique et la fabrication d'appareils médicaux (plus de 30%). Enfin, la conception à la demande est très minoritaire : 10% approximativement en électronique et télécommunications, et 0% dans les autres domaines cités dans la figure.

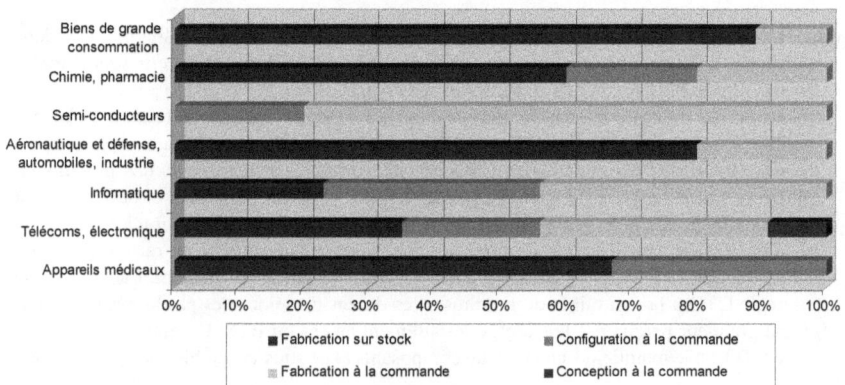

FIGURE 1.5 – Stratégies des opérations par secteur [Cohen et al. 2005]

Stratégie	Avantages	Inconvénients	Cas auxquels convient la stratégie
BTS	· Economies d'échelle · Coûts de production faibles · Réponse rapide au client	· Produits standards · Manque de flexibilité · Coûts de stockage · Invendus · Obligation de maîtriser la prévision de la demande	Produits standardisés vendus en grands volumes (e.g. petit électroménager, alimentation en conserve.)
CTO	· Satisfaction du client en proposant des produits en plusieurs versions · Réponse à la demande du client plus rapidement que dans le cas du BTO · Coût de production faible en comparaison avec le BTO, possibilité de fournir au client des produits bon marché · Stock de produits finis faible ou nul	· Contrainte de minimiser les durées de séjour des produits (en comparaison avec le BTS) · Stock de composants et de sous-ensembles	Produits à plusieurs variantes (voitures, photocopieurs, ordinateurs)
ATO	. Personnalisation des produits à travers un grand nombre de combinaisons possibles de composants standards · Possibilité de fournir des produits bon marché · Livraison plus rapide que dans le cas du BTO	· Contrainte de minimiser les durées de séjour des produits (en comparaison avec le BTS) · Stock de composants et de sous-ensembles · Livraison plus lente que dans le cas du BTS et du CTO	Très pratique dans le cas d'une personnalisation modérée où la demande est moyenne et peut être prévue à l'avance et où la planification de la production est prévue à l'avance et ajustée aux commandes par la suite [Sen et al. 2004]
BTO	· Niveau de stock faible ou nul · Important choix d'options pour le client	· Délai d'attente plutôt long pour le client · Coût de production relativement élevé · Planification de la production ne pouvant être faite à l'avance	Produits personnalisés ou à faible rotation (avions...)
MTO	· Réponse à des besoins spécifiques du client	· Difficultés potentielles liées à la nouveauté du produit. · Long délai d'attente pour le client	Produits complexes répondant à des spécifications uniques (construction de grands bateaux...)

TABLE 1.1 – Caractéristiques des différentes stratégies de production, adapté de [Cohen et al. 2005]

Dans la littérature, de nombreuses entreprises de haute technologie ont réussi la personnalisation de leurs produits. *Dell Computer Corporation* est un cas d'étude bien connu et fréquemment cité. [Ghiassi et Spera 2003] rapportent que cette entreprise a prouvé qu'une personnalisation de masse basée sur Internet est la stratégie préférée et la plus rentable dans l'industrie des ordinateurs personnels (PC). D'après [Del 1999], *Dell génère un rendement de 160% sur le capital investi en permettant aux clients de construire leurs propres ordinateurs en ligne, puis fabrique et livre ces ordinateurs avec succès dans un délai de 5 jours uniquement.*

[Huang et Li 2010] expliquent comment un fabricant de pièces d'ordinateurs, à Taïwan, a amélioré sa chaîne logistique en adoptant une approche CTO. Au départ, le fabricant avait une stratégie BTO et satisfaisait les commandes de ses clients en cinq jours. En adoptant une stratégie CTO, il a réussi à réduire ce délai à deux jours uniquement.

[Chen et al. 2003] présentent un cas intéressant où un fabricant d'ordinateurs personnels (PC) améliore son système d'information pour les besoins spécifiques d'un environnement BTO/CTO. En effet, le fabricant est passé d'une politique de production sur stock à une politique de production à la demande. Certaines spécificités de l'environnement telles la contrainte de minimiser les temps de cycle, la petite taille des lots, et la grande diversité des produits, ont provoqué de vrais problèmes logistiques et de contrôle. Les auteurs présentent un système d'information amélioré basé sur l'intégration de technologies comme le Kanban électronique[7], le déstockage avec un système de *pick-to-light*[8] et l'utilisation de code-barres. Une observation du système réel pendant six mois permet aux auteurs de constater des résultats intéressants comme une augmentation de la productivité de 62% et une réduction des anomalies (*quality failure rate*) de 95%.

1.4   Les lignes d'assemblage

Les lignes d'assemblage ont fait leur apparition avec la production de masse au siècle dernier. Depuis des décennies, les industriels et les chercheurs n'ont cessé de s'intéresser aux problématiques les concernant, afin d'atteindre un niveau de performance de plus en plus élevé. Par conséquent, la littérature compte un grand nombre de publications traitant de ces problématiques, certaines abordent des cas académiques tandis que d'autres sont consacrées à des cas industriels.

Nous donnerons, dans cette section, un aperçu de ce que la littérature propose comme travaux au niveau de deux problématiques qui nous semblent intéressantes et qui sont proches de nos travaux de recherche : "l'équilibrage des lignes d'assemblage" et "l'allocation de la charge de travail". Nous présenterons également les caractéristiques les plus importantes des lignes d'assemblage comme un prérequis aux deux problématiques.

---

[7]Le Kanban est une méthode utilisée en production pour limiter les en-cours. Mise en place entre deux postes de travail dans une ligne d'assemblage, par exemple, elle limite la production du poste amont aux besoins exacts du poste aval. Le Kanban classique utilise des fiches cartonnées qui se déplacent entre les postes de travail pour transmettre l'information liée à l'avancement du travail des postes voisins. Le Kanban électronique ou e-Kanban fonctionne avec le même principe, mais l'information est véhiculée par le système informatique.

[8]Un système de *pick-to-light* permet un déstockage simplifié des articles. Des voyants installés sur les adresses de stockage permettent aux employés, en s'allumant, de trouver rapidement les produits à déstocker.

1.4.1 Qu'est ce qu'une ligne d'assemblage ?

Une *ligne d'assemblage*[9] consiste en une série de postes de travail[10], chacun effectuant un ensemble d'opérations ou de tâches [Belmokhtar 2006]. Ces postes sont pourvus de ressources humaines, de robots ou de machines [Dolgui et Proth 2010a], et sont généralement disposés le long d'un convoyeur ou d'un équipement de manutention similaire [Kriengkorakot et Pianthong 2007] qui acheminera les produits d'un poste i à un poste $i+1$ quand les opérations sur le poste i sont effectuées. Des équipements de manutention tels que les transpalettes peuvent aussi être utilisés dans des lignes d'assemblage manuel (Voir Figure 1.6). Par ailleurs, dans les cas simples, les produits à assembler visitent les postes dans un ordre donné [Dolgui et Proth 2010a].

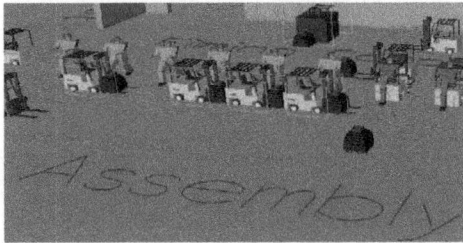

FIGURE 1.6 – Exemple d'une ligne d'assemblage manuel utilisant des transpalettes comme système de transport (copie d'écran d'un modèle de simulation sous Automod)

Les systèmes de ligne d'assemblage ont fait leur apparition au début du siècle dernier avec la production de la fameuse *Ford T* précédemment mentionnée dans la Section 1.2. La mise en place du système a permis une réduction considérable du temps de construction de la voiture (1h30 au lieu de 6h). Ce type de système constitue une des applications de la notion de division du travail et est à l'origine de l'expression : *travail à la chaîne*.

Selon [Rekiek 2002], les systèmes de lignes d'assemblage constituent un type de production largement utilisé de nos jours. [Delchambre 1996] affirme même qu'il s'agit de la méthode la plus couramment utilisée dans un environnement de production de masse, car ces lignes rendent possible l'assemblage de produits complexes par des employés ayant une formation limitée. Les lignes ont comme objectif principal d'augmenter la productivité et de diminuer les coûts. Leur efficacité influence directement la qualité finale des produits, les temps de mise sur le marché, la livraison, etc. [Rekiek 2002]. D'où l'importance de porter un intérêt minutieux aux problématiques les concernant.

---

[9]Ligne d'assemblage : plus souvent appelée ligne ou chaine de montage en français.
[10]Postes de travail : *work stations* ou *stations* dans la littérature en anglais, on parlera parfois aussi de *stations* en français.

1.4.2 Quelques caractéristiques des lignes d'assemblage

Dans la littérature, les études concernant les lignes d'assemblage comme, par exemple, celles qui traitent du problème d'équilibrage, mettent en avant plusieurs de leurs caractéristiques. Ces dernières conditionnent non seulement la complexité des problèmes mais aussi les approches et les méthodes utilisées pour les résoudre. Parmi ces caractéristiques, on trouve souvent :

La cadence ou le rythme Il s'agit de l'une des caractéristiques les plus importantes, à notre avis. Les lignes d'assemblage rythmées[11] sont des lignes où les postes de travail ont une cadence bien déterminée et constante. Pour un produit donné i, les tâches effectuées sur un poste de travail j doivent se terminer avant l'écoulement d'une durée appelée *temps de cycle*[12]. Après cette durée, le produit i est transféré au poste suivant $j+1$ pour être l'objet d'autres opérations, en même temps, un nouveau produit $i+1$ est transféré au poste j pour prendre la place du produit i (voir Figure 1.7).

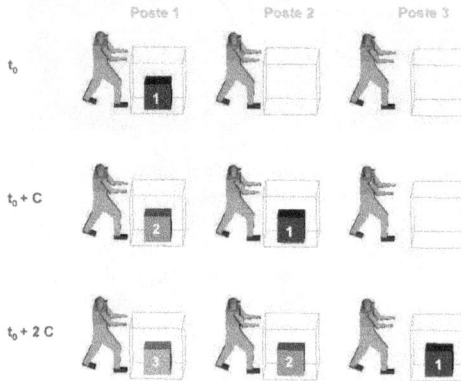

FIGURE 1.7 – Evolution de la production dans une ligne rythmée
(C : temps de cycle, t_0 : un instant donné, Figure inspirée du tableau [Dolgui et Proth 2010a, p 238])

Dans les lignes non rythmées, par contre, les produits sur un poste de travail donné n'attendent pas qu'une durée prédéterminée s'écoule, ils sont transférés au poste suivant quand les tâches nécessaires sont terminées. Ce type de lignes est souvent rencontré lorsque les durées des tâches varient de façon importante [Boysen et al. 2006]. [Boysen et al. 2007] classent les lignes *non rythmées* en deux catégories : *synchrones* et *asynchrones*. Dans les lignes synchrones, les produits dans les différents postes de travail ne sont transférés aux

---

[11]Rythmées : *paced* en anglais.
[12]On utilise en anglais l'expression *cycle time*.

postes suivants que lorsque toutes les tâches *sur tous les postes* sont effectuées. Ainsi, les postes de travail ayant terminé leurs tâches tôt doivent attendre que le dernier poste (en termes de temps) termine ses tâches. Dans les lignes asynchrones, un poste de travail j ayant terminé ses tâches sur un produit (ou ensemble de produits) donné(s), commence sans délai les tâches sur le produit suivant. Ce fonctionnement est malgré tout perturbé dans le cas où le poste amont est incapable de fournir le produit à temps[13], ou lorsque le poste aval est occupé et ne peut recevoir le produit venant du poste j, situation que l'on appelle *blocage*.

On notera que la notion de *temps de cycle* peut être étendue aux lignes non rythmées. On retiendra, dans ce cas, une définition commune qui correspond à la durée moyenne séparant deux sorties successives de produits finis du système d'assemblage.

La productivité des lignes d'assemblage est directement liée au temps de cycle. Dans les lignes rythmées simples, elle est *inversement proportionnelle* au temps de cycle. Si le temps de cycle est de 3 min, par exemple, le système génère un produit fini toutes les 3 min. Si ce temps de cycle est *divisé par 2* (soit 1,5 min) alors la productivité est *multipliée par 2* (soit 2 produits toutes les 3 min, car 1 produit fini est généré toutes les 1,5 min).

Quand la ligne d'assemblage n'est pas rythmée, la mise en place de stocks-tampons[14] entre les postes de travail peut être une solution pour absorber les différences de rythmes instantanées. Les stocks-tampons sont aussi utilisés pour réduire les durées d'attente dues aux cas de blocage ou de *starving*[15] [Boysen et al. 2006].

D'autres solutions existent pour pallier aux différences de rythme, comme, par exemple, les lignes appelées *"Bucket-Brigade"* connues pour leur capacité à s'équilibrer toutes seules (voir [Bartholdi et al. 2006] et [Bartholdi et al. 2010]). Le principe dans ce type de ligne est qu'un employé ayant fini sa tâche retourne en arrière pour récupérer la tâche de l'employé qui le précède ; ce dernier, libéré de sa tâche, va, à son tour, récupérer la tâche de la personne qui le précède, et ainsi de suite.

Le nombre de types de produits Une ligne d'assemblage peut être dédiée à un seul type de produit, à plusieurs variantes ou configurations d'un même produit de base, ou commune à plusieurs types. Pour le second cas, on peut prendre, comme exemple, une ligne dédiée à l'assemblage d'un modèle de voiture où le client peut choisir quelques options à rajouter au modèle de base. Dans le cas industriel lié à cette thèse, que nous présenterons en détail dans le Chapitre 2, une trentaine de modèles de photocopieurs assemblés sur la même ligne avec de nombreuses configurations possibles pour chaque modèle. En effet, il existe des centaines de types d'options, tous modèles de photocopieurs confondus, que le client peut choisir dans la configuration qu'il commande.

La ressemblance entre les types de produits assemblés sur une même ligne est d'une grande

---

[13]Etat appelé *starving* en anglais.
[14]Stock-tampon : *buffer* ou *buffer storage* en anglais.
[15]*Starving* : absence de travail à faire pour un poste de travail donné.

importance, car plus forte elle est, plus facile seront la gestion de la ligne et la résolution des problèmes qui la concerne (e.g. le problème d'équilibrage de ligne d'assemblage). La ressemblance peut concerner des opérations communes à plusieurs produits, des durées de processus proches ou égales...

Dans la littérature, les lignes sur lesquelles sont assemblés plusieurs types de produits sont classées en deux catégories, *mixtes* et *multi-produits*. Les premières assemblent les différents produits séparément en lots, tandis que dans les secondes, des produits de types différents peuvent être introduits de façon unitaire et dans n'importe quel ordre [Kriengkorakot et Pianthong 2007].

Le fonctionnement Les lignes d'assemblage peuvent avoir des modes de fonctionnement très différents. Les lignes les plus simples sont celles qui sont *en série*. Dans ces lignes, des postes de travail exécutant des tâches différentes sont placés en série et les produits les parcourent dans un sens unique et dans l'ordre.

Un autre exemple de fonctionnement serait les lignes *"Bucket-Brigade"*, précédemment citées. Dans ces lignes, il n'y a pas de postes de travail mais des ressources qui se déplacent. Nous rappelons que ces lignes ont la caractéristique intéressante de s'auto-équilibrer. Une animation et une vidéo peuvent être consultées sur le site de Bartholdi et Eisenstein : www.bucketbrigades.com.

Par ailleurs, les *lignes en U* présentent un exemple de fonctionnement où les produits peuvent revenir à un poste de travail déjà visité pour faire l'objet de nouvelles tâches (voir Figure 1.8).

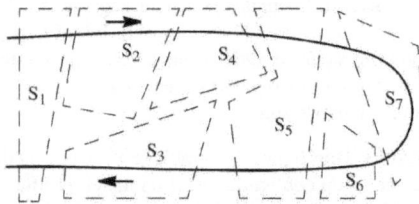

FIGURE 1.8 – Ligne d'assemblage en U
S_i désigne le poste de travail ou Station i. [Becker et Scholl 2006]

Le degré d'automatisation Les lignes d'assemblage peuvent être manuelles ou automatisées. Dans les premières, la majeure partie ou la totalité des tâches est effectuée par des ressources humaines. Dans les secondes, ce sont les machines ou les robots qui effectuent la majorité ou la totalité des tâches. Il existe, bien évidemment, une infinité de compromis possibles entre ces deux types extrêmes.

Le degré d'automatisation dépend de la stratégie de l'entreprise ainsi que de la nature du marché, des produits et de la demande, etc. [Weining et al. 2010] affirment, que les lignes ayant une grande diversité de produits et des lots de petites tailles sont souvent manuelles, tandis que [Tang et al. 2011] affirment que les lignes d'assemblage automobiles actuelles sont fortement automatisées.

Par ailleurs, le degré d'automatisation donne des caractéristiques différentes aux lignes d'assemblage. En effet, le facteur humain tend à augmenter le taux d'erreur, la variabilité des durées des tâches, ainsi que celle des processus. En ce qui concerne ces derniers, dans les lignes d'assemblage manuel, ils peuvent varier d'une exécution à l'autre selon l'opérateur, l'avancement du travail ou autre... Les processus peuvent aussi évoluer sur le long terme, sans que la documentation les décrivant n'ait la même évolution. Cet aspect changeant des processus, dans la plupart des lignes d'assemblage manuel, rend leur compréhension, analyse, cartographie et modélisation plus difficiles à réaliser que dans les lignes automatisées. Néanmoins, l'assemblage manuel a l'avantage d'offrir beaucoup plus de flexibilité et de réactivité aux aléas que l'assemblage automatisé, en général.

Les durées des tâches La majorité des tâches dans les lignes d'assemblage ont des durées variables, en réalité. Il est, cependant, possible, lorsque l'on modélise une ligne d'assemblage, de faire l'hypothèse de durées déterministes, quand la variabilité est faible. En général, cette hypothèse simplifie énormément la résolution de certains problèmes liés aux lignes d'assemblage (e.g. le problème d'équilibrage pour lequel la variabilité des durées des tâches est une *caractéristique importante*, selon [Becker et Scholl 2006] et un *paramètre essentiel*, selon [Rekiek 2002]).

Pour des durées de tâches supposées **déterministes**, [Becker et Scholl 2006] donnent l'exemple des lignes d'assemblage avec des tâches simples et des lignes automatisées ayant une grande fiabilité. [Rekiek 2002] affirme que dans le cas des lignes d'assemblage manuel, les durées des tâches restent constantes uniquement si les employés sont fortement qualifiés et motivés.

En ce qui concerne les durées supposées **stochastiques**, [Becker et Scholl 2006] affirment que les grandes variations sont, généralement, dues à l'instabilité du rythme de travail des opérateurs humains, aux différences de formation et de motivation ainsi qu'aux pannes des machines (cf. [Buzacott 1990], [Hillier et So 1991], [Pike et Martinj 1994], [Robinson et al. 1990], [Rekiek et Delchambre 1998]). Pour ces dernières, les indicateurs *durée moyenne entre les pannes* (MTTF)[16] et *durée moyenne de réparation* (MTTR)[17] sont souvent utilisés afin d'introduire la composante stochastique. [Rekiek 2002] ajoute la nature des tâches et la communication entre les employés, à la liste des causes du caractère stochastique des durées. On trouve dans la littérature plusieurs exemples de lignes d'assemblage avec des durées de processus stochastiques. Pour gérer cet aspect dans un problème d'équilibrage de ligne d'assemblage par exemple, [Rekiek et al. 1999] et [Rekiek 2000] se basent sur le "*Equal Piles Problem*"[18] et proposent un algorithme permettant une répartition presque

---

[16]MTTF : Mean Time To Failure. On utilise aussi l'acronyme MTBF (Mean Time Between Failure).

[17]MTTR : Mean Time To Repair.

[18]Le "*Equal Piles Problem*" est défini par [Jones et Beltramo 1991] comme étant la distribution de N objets de tailles différentes sur K piles de telle manière que les poids des piles soient les plus égales possible.

équitable de la charge de travail sur les différents postes.

Par ailleurs, [Becker et Scholl 2006] ajoutent que des réductions systématiques des durées des tâches sont possibles, en raison du phénomène d'apprentissage ou des améliorations successives du processus de production ; ils citent comme exemple les travaux de [Boucher 1987] et de [Chakravarty 1988]. Pour caractériser cet aspect, [Rekiek 2002] propose le terme **durées dynamiques** et affirme que dans le cas du problème d'équilibrage de lignes d'assemblage, l'équilibrage doit être fait *en moyenne* et l'accent ne doit pas être excessivement mis sur les durées de processus.

La parallélisation [Boysen et al. 2007] distinguent plusieurs types de parallélisation :

Les lignes parallèles Dans ce type de configuration, chaque ligne est conçue pour un produit unique ou une famille de produits proches. Cela permet un meilleur équilibrage et une productivité plus élevée que celle d'une ligne où plusieurs types de produits sont assemblés.

Les postes parallèles[19] Dans ce cas, plusieurs postes de travail effectuent les mêmes tâches en parallèle. Les produits vont, indifféremment, à un poste ou à un autre du même groupe. Dans notre étude de cas, qui sera expliquée en détail dans les chapitres suivants, la ligne contient des postes parallèles. En effet, plusieurs postes de travail sont dédiés au processus de déballage, plusieurs autres postes sont dédiés au montage...

Dans le cas des lignes rythmées, disposer de plusieurs postes en parallèle permet un temps de cycle (local) plus élevé (cf. [Daganzo et Blumenfeld 1994], [Bard 1989], [Pinto et al. 1981]). Par exemple, supposons une ligne d'assemblage où le temps de cycle est c, et où n postes parallèles sont dédiés à un ensemble de tâches i. Dans chaque postes, les tâches i sont effectuées en une durée maximale de $n \times c$ (ce qui représente le temps de cycle *local*).

Les tâches parallèles Les tâches peuvent être parallélisées, en les affectant à plusieurs postes d'une ligne d'assemblage en série. Les postes de travail exécutent ces tâches de façon cyclique. Si une tâche i, par exemple, est affectée à deux postes p_1 et p_2, alors elle sera exécutée sur le poste p_1 pour un produit donné, puis sur le poste p_2 pour le produit suivant. Dans les lignes rythmées, les durées de processus liées aux postes de travail changent donc, d'un cycle à l'autre, sans dépasser le temps de cycle en moyenne.

Les places de travail parallèles[20] On rencontre ce cas lorsque les produits sont assez larges pour permettre à plus d'un opérateur ou d'une machine de travailler simultanément. Un cas particulier de ce genre de lignes est la ligne à deux côtés où chaque poste de travail contient un côté droit et un côté gauche (voir [Kim et al. 2000], [Bartholdi 1993], [Lee et al. 2001]).

---

[19]*Parallel stations* en anglais. A ne pas confondre avec *parallel workplaces*, expliqué ci-après.
[20]*Parallel workplaces* en anglais.

La reconfigurabilité Les systèmes de production reconfigurables, notés RMS[21], ont une structure physique conçue pour admettre des changements simples permettant de répondre à une demande fluctuante en volume et en types de produits [Koren et al. 1999]. Le recours à ce genre de systèmes est dû, selon les mêmes auteurs, à un besoin de faire face aux changements incessants du marché. Un exemple de changement, dans une ligne reconfigurable, serait l'ajout ou la suppression d'un module (une machine, un poste travail...).

Il existe d'autres caractéristiques des lignes d'assemblage que nous n'aborderons pas dans ce manuscrit. [Boysen et al. 2007] ainsi qu'un excellent site internet www.assembly-line-balancing.de[22] peuvent être consultés à ce sujet.

1.4.3 Le problème d'équilibrage des lignes d'assemblage

L'équilibrage de ligne d'assemblage (ALBP[23]) est l'un des problèmes les plus importants parmi ceux relatifs aux lignes d'assemblage [Ozbakir et al. 2011]. Par ailleurs, [Rekiek 2002] qualifie ce problème comme étant l'indice de performance le plus intéressant pour les lignes d'assemblage manuel.

[Kriengkorakot et Pianthong 2007] ainsi que [Erel et Sarin 1998] le définissent comme étant le problème de l'affectation des tâches à une séquence ordonnée de postes de travail, en respectant les contraintes de précédence qui relient les tâches et en optimisant certains indicateurs de performance. Nous attirons l'attention du lecteur sur le fait que l'affectation des tâches évoquée est une affectation durable ou sur le long terme de *types de tâches*, à des postes de travail. Il ne s'agit en aucune manière d'affectation de tâches dans le sens de l'ordonnancement ou de la planification de la production. Pour illustrer la définition donnée ci-avant, prenons comme exemple les travaux de [Suwannarongsri et al. 2007]. Les auteurs étudient des lignes rythmées, en série, et dédiées à l'assemblage d'un seul produit. Ils ont comme objectifs de minimiser le nombre de postes de travail, la variance de la charge de travail et la durée d'inactivité ainsi que de maximiser l'efficacité de la ligne. Les contraintes de ce problème d'optimisation sont le non dépassement du temps de cycle sur tous les postes et le respect de l'ordre partiel[24] entre les tâches (contraintes de précédence). La méthode de résolution utilisée est basée sur la recherche Tabou et les algorithmes génétiques.

Malgré leur nom, les études traitant du problème d'équilibrage de ligne d'assemblage n'aboutissent pas forcément à des solutions où la ligne est équilibrée, dans le sens de la distribution de la charge de travail sur les postes. [Rekiek et al. 1999] affirment, par exemple, que dans le cas où le nombre de postes est donné et où l'on cherche à minimiser le temps maximum d'inactivité des postes, il est possible d'aboutir à une ligne non-équilibrée.

---

[21]*Reconfigurable Manufacturing Systems* en anglais.

[22]Le site internet reprend une classification faite par [Boysen et al. 2007].

[23]ALBP : Assembly Line Balancing Problem.

[24]On parle d'ordre partiel car les contraintes de précédence n'établissent pas forcément un ordre total entre les tâches. Certaines tâches peuvent être indifféremment effectuées avant ou après d'autres tâches.

Le problème d'équilibrage de ligne d'assemblage est largement étudié dans la littérature. Plusieurs revues de littérature sont consacrées à ce propos (voir [Ghosh et Gagnon 1989], [Erel et Sarin 1998] et [Rekiek 2002], par exemple). Selon [Ghosh et Gagnon 1989], la première déclaration analytique du ALBP a été formulée en 1954 par [Helgeson et al. 1954], tandis que la première formulation mathématique publiée du problème a été établie en 1955, par [Salveson 1955], sous forme d'un programme linéaire ([Ghosh et Gagnon 1989], [Mendes et al. 2005], [Kriengkorakot et Pianthong 2007]). La formulation concernait la version la plus simple des lignes d'assemblage : un type de produit unique, une ligne en série...

L'équilibrage de ligne d'assemblage est souvent abordé, dans les travaux de recherche, durant la phase de conception ou de reconfiguration de la ligne. [Rekiek 2002] le définit comme étant un sous problème de la conception de ligne d'assemblage. Très souvent traité comme un problème d'optimisation combinatoire, l'équilibrage de ligne d'assemblage peut avoir divers objectifs suivant l'étude. L'objectif le plus souvent traité est la minimisation du nombre de postes de travail (avec un temps de cycle donné). Cela permet de diminuer les coûts d'investissement et de fonctionnement, de gagner de l'espace, de libérer des ressources... Un second objectif fréquent dans la littérature, mais dans une moindre mesure, est la minimisation du temps de cycle (en supposant un nombre de postes donné) qui permet, comme mentionné dans la section 1.4.2, d'augmenter la productivité.

Cependant, les objectifs de l'équilibrage ne se limitent pas aux deux précédemment cités. Après avoir analysé des dizaines d'articles, [Ghosh et Gagnon 1989] citent plusieurs objectifs et les classent en deux catégories : les objectifs techniques et les objectifs économiques (voir Tableau 1.2).

Objectifs du ALBP	Fréquence
1. Objectifs techniques	
Minimiser le nombre de postes de travail (avec un temps de cycle donné)	21
Minimiser le temps de cycle (avec un nombre de postes de travail donné)	16
Minimiser la durée totale d'inactivité sur la ligne	12
Minimiser l'inactivité causée par la division inégale du travail sur les différents postes	3
Minimiser la longueur de la ligne	2
Minimiser le temps de séjour	1
Minimiser la probabilité qu'un ou plusieurs postes de travail dépassent le temps de cycle	3
Total	58
2. Objectifs économiques	
Minimiser le coût combiné de la main-d'œuvre, des postes et de l'incomplétude des produits	4
Minimiser le coût de la main-d'œuvre par produit	4
Minimiser le coût de pénalité total lié au nombre d'inefficacités	2
Minimiser les coûts de stockage, de réglage et ceux relatifs à la durée d'inactivité	1
Minimiser le coût de stockage des encours	1
Maximiser le profit net	1
Total	13

TABLE 1.2 – Objectifs du problème d'équilibrage de ligne d'assemblage (ALBP) [Ghosh et Gagnon 1989]

1.4.4 Allocation du travail[25] dans les lignes d'assemblage

Comme mentionné précédemment, l'équilibrage de ligne d'assemblage est abordé durant la phase de conception ou de reconfiguration. Il s'agit d'une décision qui intervient tous les 7 ans environ, au cours de la vie d'une ligne [Belmokhtar 2006]. Ce caractère figé procure à la ligne un équilibre parfois trop rigide. En effet, certaines lignes doivent satisfaire une demande variable en quantité et en types de produits éventuellement, une main d'œuvre ayant un rendement instable (intérimaires, changement des conditions de travail...), et des processus qui évoluent...

Par conséquent, il est parfois nécessaire d'ajouter une certaine flexibilité aux systèmes de production en ligne. Une allocation dynamique des ressources fait partie des solutions possibles et peut être une décision prise aussi souvent que nécessaire.

Dans le cas réel qui sera traité dans cette thèse l'allocation des ressources humaines varie quotidiennement. Le nombre de *postes de travail existants* ainsi que les groupes de tâches qui leur sont affectées (déballage, assemblage, filmage...) sont fixes et probablement issus d'une décision d'équilibrage, mais le nombre de ressources humaines et celui des *postes de travail utilisés* sont choisis quotidiennement. Supposons, par exemple, qu'au jour j, deux ressources humaines, par conséquent deux postes de travail, sont affectées au processus de déballage et quatre ressources au montage. Si le nombre de commandes à satisfaire au jour suivant $j+1$ est doublé, alors quatre ressources seront affectées au déballage et huit au montage.

Dans une ligne d'assemblage, il est généralement intuitif d'affecter n fois plus de ressources à une tâche qui dure n fois plus longtemps qu'une autre. Cela donne une ligne équilibrée. Cependant, suivant le critère de performance à optimiser, le caractère stochastique ou non des durées de processus, la présence ou l'absence de stocks intermédiaires, etc., une ligne non équilibrée peut parfois être une solution optimale et présenter les meilleures performances. [Baker et al. 1993] affirment que des systèmes non équilibrés peuvent présenter un rendement plus élevé que celui de systèmes équilibrés. Par ailleurs, [Rekiek et al. 1999] rapportent que dans le cas où le nombre de postes est connu et où l'on cherche à minimiser le temps maximum d'inactivité des postes, il est possible d'aboutir à une ligne non-équilibrée comme solution optimale du problème d'équilibrage.

Dans ce contexte, un phénomène appelé "*the bowl phenomenon*" est mis en évidence par certains auteurs : [Pike et Martinj 1994], [Hillier et So 1996], [Magazine et Stecke 1996], etc. Ce phénomène a été noté formellement pour la première fois par [Hillier et Boling 1966]. Il stipule que, sous certaines conditions, les lignes de production ou d'assemblage non rythmées et délibérément non équilibrées avec un déséquilibre en forme de bol (*i.e.* une charge de travail en moyenne plus importante au niveau des extrémités de la ligne et symétriquement décroissante en se dirigeant vers le centre de la ligne) auront une productivité plus élevée que des lignes parfaitement équilibrées par rapport aux moyennes des durées de processus [Pike et Martinj 1994].

---

[25] L'allocation du travail est connue, dans la littérature anglophone sous le nom de *allocation of work force.*

Ce phénomène rend l'allocation des ressources dans les lignes d'assemblage plus complexe et moins intuitive. Une connaissance détaillée (e.g. poste par poste) et en temps réel de l'avancement du travail et des encours peut être d'une grande utilité dans ce contexte. Cela améliorerait la gestion de la production et permettrait une allocation plus rationnelle, plus dynamique et plus efficace des ressources disponibles.

Pour recueillir les informations nécessaires pour un fonctionnement optimisé, l'une des solutions les plus prometteuses est l'IDentification par Radio-Fréquences que nous présenterons dans la Section 1.5.

1.5 IDentification par Radio-Fréquences

1.5.1 Le besoin de traçabilité et de moyens pour l'assurer

La traçabilité est le fait d'associer systématiquement un flux d'information aux flux physiques pour assurer le suivi d'un produit. Cela est fait au moyen de procédures et de contrôles effectués à différentes étapes de la production et de la distribution du produit, voire après (e.g. cas du service après vente).

Depuis quelques décennies, la traçabilité des produits s'est immiscée dans l'environnement industriel jusqu'à devenir une véritable nécessité, dans un contexte industriel caractérisé par une concurrence féroce. En effet, la mondialisation a repoussé très loin les frontières de la compétitivité. Les produits locaux et étrangers se partagent les mêmes marchés, la main d'œuvre est cherchée de plus en plus loin pour baisser les coûts de production, la vente en ligne agrandit considérablement le périmètre géographique des ventes... Les industriels se trouvent donc confrontés à des concurrents plus nombreux, plus grands et plus puissants, et leur survie dépend de leur capacité à s'adapter à cet environnement nouveau. Dans ces circonstances, la traçabilité des produits permet aux entreprises d'améliorer la qualité du service offert au client, de réduire les risques (e.g. cas des produits dangereux), de répondre aux imprévus au plus tôt, d'acquérir une meilleure connaissance de leurs propres processus et de les améliorer (e.g. études statistiques basées sur les données recueillies). Toutes ces mesures permettent aux industriels de faire face aux concurrents, de conserver leurs parts de marché et de rester compétitifs.

On notera qu'une entreprise n'est, en général, qu'un maillon d'une chaîne logistique ou d'un réseau. La performance individuelle de l'entreprise est donc liée à la performance de ses collaborateurs (fournisseurs, distributeurs, transporteurs...), et le manque d'information et de visibilité entre les maillons d'une même chaîne logistique peut provoquer des problèmes notables (e.g. effet Bullwhip expliqué dans la Section 1.5.3.2). Il est par conséquent nécessaire de prendre en compte la chaîne logistique dans sa globalité et de favoriser les échanges d'information entre les différents collaborateurs. La traçabilité des produits, dans ce contexte, permettrait une visibilité accrue des flux internes, aval et amont. Cela contribuerait à améliorer la planification des activités, à réduire les stocks, à réagir aux imprévus au plus tôt et à augmenter la productivité globale de l'ensemble des collaborateurs...

De surcroît, en raison de plusieurs évolutions idéologiques et technologiques telles que l'avènement d'Internet ou plus généralement le développement des TIC, ainsi que la concurrence industrielle ci-avant expliquée, le client s'est, graduellement, transformé en un consommateur exigeant, infidèle et aux goûts diversifiés et évolutifs. La qualité, la personnalisation et la traçabilité du produit font maintenant partie de ses exigences. En ce qui concerne la traçabilité, les consommateurs veulent connaitre l'origine des produits qu'ils achètent. Le secteur alimentaire présente un exemple concret à cela (e.g. les produits AOC[26], le label rouge, les produits biologiques, les produits du terroir, les produits de l'UE[27], les produits locaux...). Dans d'autres industries également, l'origine et le parcours des produits peut être un gage de qualité (e.g. les voitures allemandes...) ou présenter un intérêt tout aussi valable pour le client comme l'encouragement de l'industrie locale ou la réduction des émissions de CO2 liées aux longues distances de transport. Quant à la personnalisation des produits, expliquée dans les sections 1.2 et 1.3, elle induit des processus de production et de transport généralement complexes qui nécessitent des flux d'information considérables. Par conséquent, un suivi et une traçabilité maîtrisés sont de rigueur, dans ce cas.

Par ailleurs, la réglementation sur la traçabilité des produits est en cours d'évolution et devient de plus en plus exigeante. Les industriels se voient donc contraints à mettre en place des systèmes de suivi de leurs produits afin de respecter la loi ou d'anticiper son évolution. Les organismes de normalisation, de leur côté, ont publié plusieurs normes relatives à la traçabilité dans différents secteurs comme la chaîne alimentaire (e.g. ISO 22005 :2007, voir page 20).

La Figure 1.9 résume les causes qui sont à l'origine du besoin de traçabilité et qui ont été détaillées ci-avant.

Cependant, améliorer la traçabilité de ses produits, signifierait une collecte et un traitement d'une plus grande quantité d'information. Cela peut représenter un volume de travail considérable et nécessiter plus de temps, de ressources, d'effort et de moyens. Mal implanté ou mal géré, il est même possible que le système assurant la traçabilité altère le processus productif, le ralentisse ou augmente son coût de façon inacceptable. Par conséquent, il y a un réel besoin d'outils performants, rapides et fiables pour répondre à la demande pressante de traçabilité.

1.5.2   Les technologies d'identification par radio-fréquences (RFID)

Pour répondre au besoin de traçabilité, expliqué dans la Section 1.5.1, plusieurs technologies d'auto-identification (Auto-ID) sont progressivement intégrées dans les industries de service, les chaînes de distribution, les entreprises manufacturières et les systèmes de flux de produits [Finkenzeller 2003]. [Waldner 2008] définit l'auto-identification comme étant des techniques de collecte d'information qui identifient les objets de façon automatique, extraient les informations

---

[26]AOC : Appellation d'Origine Contrôlée.
[27]UE : Union européenne

45

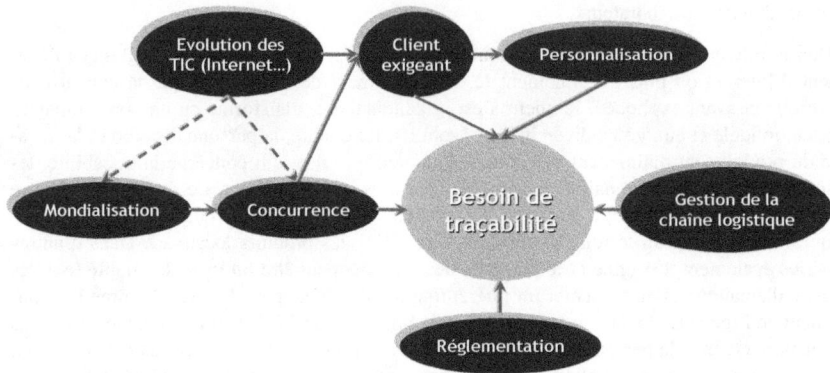

FIGURE 1.9 – Quelques causes à l'origine du besoin de traçabilité

véhiculées par ces objets et les stockent dans une base de données.

[Poon et al. 2011] rapportent que les technologies d'auto-identification sont classées en quatre catégories essentiellement :

1. Les codes-barres ;

2. L'identification par radio-fréquences (RFID) ;

3. Les cartes intelligentes et les cartes magnétiques ;

4. L'identification par reconnaissance visuelle.

L'identification par radio-fréquences, outil auquel nous nous intéressons dans cette étude, est un ensemble de technologies permettant une identification rapide et efficace des objets. L'identification est basée sur une communication par ondes radioélectriques entre un lecteur et une étiquette attachée à l'objet à identifier et contenant l'information nécessaire. Souvent comparée à l'identification par codes-barres, la RFID est parfois considérée comme une évolution de cette dernière, ou, en reprenant les termes de [Dolgui et Proth 2010b], *un grand pas vers l'avant* et un *successeur.*

L'identification par radio-fréquences, ou plus précisément un de ses ancêtres, existe depuis la seconde guerre mondiale [Landt 2005], mais ce n'est que durant ces dernières années qu'elle a suscité l'intérêt des industriels et des scientifiques [Sarac et al. 2010]. En se basant sur la description de la diffusion des innovations de [Rogers 1962], [Housseman 2011] affirme que nous sommes probablement à l'aube d'une véritable maturation des technologies RFID.

L'adoption de la RFID par Wal-Mart et par le Département de défense américain sont deux cas d'étude souvent cités dans la littérature, en partie parce qu'ils sont des pionniers dans le domaine. En 2005, Wal-Mart a demandé à ses 100 fournisseurs les plus importants d'utiliser des étiquettes RFID sur les palettes et les cartons durant le transport [Roberti, Mark 2003].

1.5.2.1 Les composants d'un système RFID

Selon [Kleist et al. 2005], un système RFID contient généralement quatre types de composants : des étiquettes, un encodeur, un lecteur et un ordinateur hôte (voir Figure 1.10).

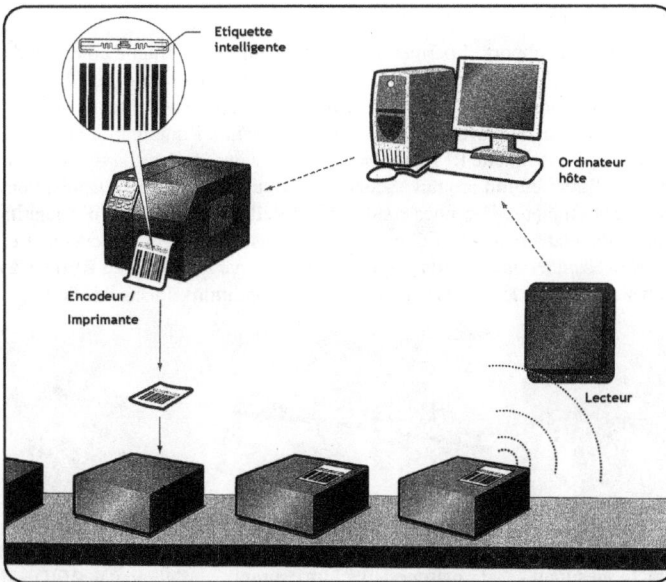

FIGURE 1.10 – Composants principaux d'un système RFID [Kleist et al. 2005, p. 27]

Les étiquettes servent à stocker puis à fournir l'information nécessaire sur l'objet identifié. On utilise, généralement, une étiquette pour chaque objet à identifier. L'encodeur, parfois appelé imprimante, sert à imprimer les étiquettes et éditer l'information qu'elles contiennent. Le lecteur permet de lire l'information stockée dans les étiquettes afin d'identifier l'objet. Et l'ordinateur permet de recevoir, de traiter et de stocker les données envoyées par le lecteur. Dans un même système RFID, il est possible d'utiliser plusieurs lecteurs et ordinateurs, c'est même très souvent le cas.

47

Une étiquette RFID[28], également appelée transpondeur ou *tag* par anglicisme, est composée d'une puce (ou microprocesseur) reliée à une antenne et l'ensemble est encapsulé dans un support. La puce, qui peut être de la taille d'un grain de sable (Figure 1.11) ou même de poudre (Figure 1.12), contient la mémoire nécessaire à l'identification de l'objet ainsi que la logique qui gère la communication entre l'étiquette et le lecteur, le stockage et l'extraction des données, et la conversion de l'énergie nécessaire à la communication.

L'antenne, quant à elle, est beaucoup plus grande que la puce ; sa taille détermine souvent la taille de l'étiquette RFID [Kleist et al. 2005]. Son rôle est de permettre la transmission et la réception du signal afin de communiquer avec le lecteur. Souvent à base d'argent, de cuivre ou d'aluminium, elle est généralement fabriquée par des techniques de dépôt de matière similaires à l'impression à jet d'encre [Kleist et al. 2005].

En ce qui concerne le support, il permet de protéger l'ensemble fragile composé de la puce et de l'antenne, d'une part, et de le fixer sur l'objet à identifier, d'une autre part. Il peut être sous plusieurs formes : un film transparent et adhésif enveloppant la puce et l'antenne ou une étiquette semblable à une étiquette code-barres standard mais contenant à l'intérieur la puce et l'antenne RFID (voir Figure 1.13). L'étiquette RFID peut aussi être encapsulée dans un support en plastique ou autre et montée à l'intérieur du produit à identifier. Le support doit être adapté à l'environnement où sera utilisée l'étiquette. Certaines conditions difficiles (e.g. stockage d'échantillons biologiques dans des congélateurs à $-196°C$ ou $-80°C$ [Housseman 2011]) nécessitent une étude rigoureuse afin de déterminer un support adéquat. On notera que les étiquettes RFID peuvent être beaucoup plus résistantes que les codes barres face à des conditions d'usage difficiles.

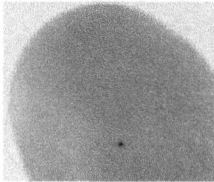

FIGURE 1.11 – Puce RFID de marque Hitachi mesurant $0,4 \times 0,4\,mm$

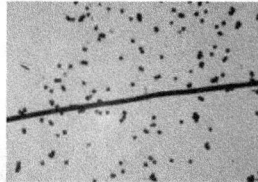

FIGURE 1.12 – Puce RFID de marque Hitachi mesurant $0,05 \times 0,05\,mm$

FIGURE 1.13 – Exemple d'étiquettes RFID

Selon les possibilités d'accès à la mémoire, les étiquettes RFID peuvent être classées en trois types [Chen et Tu 2009] : les étiquettes à mémoire accessible en lecture seule (ROM[29]), les étiquettes à mémoire accessible en lecture/écriture (R/W[30]) et les étiquettes à mémoire accessible en écriture unique/lectures multiples (WORM[31]). L'étiquette ROM contient, dès son achat, un

---

[28]*RFID tag* ou parfois simplement *tag* en anglais.
[29]ROM : read-only memory.
[30]R/W : read/write.
[31]WORM : write once/read many.

identifiant unique et inchangeable. D'où une similitude avec les codes-barres traditionnels. L'étiquette WORM, quant à elle, peut être programmée une seule fois puis lue à volonté. L'étiquette R/W, en revanche, offre plus de flexibilité en raison des possibilités d'ajout, de suppression d'information et de réutilisation. En contrepartie, elle est plus complexe et plus onéreuse.

Par ailleurs, les étiquettes RFID peuvent aussi être classées suivant la source de l'énergie utilisée pour communiquer avec le lecteur. On distinguera trois types d'étiquettes RFID : les étiquettes actives, passives et semi-passives.

L'étiquette active a une source d'énergie interne (batterie) qui sert à activer la puce et émettre un signal assez fort, cela permet de longues distances de lecture [Gaukler et Seifert 2007]. Néanmoins, ce genre d'étiquette ont l'inconvénient d'être relativement chères, volumineuses et lourdes (en raison de la batterie). De surcroît, leur durée de vie est limitée [van Lieshout et al. 2007] en raison de la durée de vie limitée de la batterie (jusqu'à 10 ans) [Tajima 2007].

L'étiquette passive ne contient pas de source d'énergie propre. Elle est en mode *"endormi"*[32] sauf lorsqu'elle reçoit un signal du lecteur. A ce moment là, elle répond en puisant l'énergie nécessaire dans le champs électromagnétique généré par le lecteur. Pour ce type d'étiquette, les lecteurs doivent être puissants et la distance de lecture est souvent limitée (<3m selon [Tajima 2007]). Cependant, l'étiquette passive a l'avantage d'avoir une longue durée de vie, un coût relativement bas et des dimensions petites voire très petites. Ce genre d'étiquette est souvent choisi pour la traçabilité des produits de faible valeur et les produits de consommation.

L'étiquette semi-passive également appelée semi-active, contient une batterie comme l'étiquette active. Néanmoins, elle ne l'utilise pas pour communiquer avec le lecteur [Menzel et al. 2008] mais pour d'autres fonctionnalités comme rafraîchir la mémoire en se basant sur des informations émises par des capteurs intégrés [Hauet 2006]. Ce genre d'étiquette s'avère très utile dans la traçabilité des denrées alimentaires (suivi de température, humidité...).

Les étiquettes RFID peuvent être utilisées en boucle ouverte ou fermée. Dans le premier cas de figure, les étiquettes sont utilisées sur un seul objet et sont perdues en fin de chaîne. Il est courant d'utiliser les mêmes étiquettes pour plusieurs acteurs de la chaine logistique (producteurs, fournisseurs, distributeurs...). Cela nécessite cependant de respecter les normes et les standards [Sarac 2010]. En boucle fermée, en revanche, les étiquettes sont réutilisées plusieurs fois. Cela permet à la fois de faire des économies et d'utiliser des étiquettes plus performantes et souvent plus onéreuses. Afin de les réutiliser, les étiquettes peuvent être déplacées d'un produit à un autre ou alors placées sur les contenants (palettes, bacs...). Elles sont généralement reprogrammées pour supprimer les anciennes données et en ajouter de nouvelles.

---

[32] *Sleep* en anglais.

1.5.2.2 Les avantages de la RFID

Les avantages majeurs de l'identification par radio-fréquences, comparativement aux codes-barres, sont résumés dans le Tableau 1.3.

	RFID	Codes-barres
Facilité de lecture	Lecture sans ligne de visée (la puce peut être à l'intérieur du produit)	Lecture orienté vers l'étiquette
	Lecture à distance	Lecture avec une faible distance entre l'étiquette et le lecteur
	Lecture dans des conditions difficiles (givre, saleté...)	L'étiquette est parfois abimée dans ces conditions
	Lecture automatisée en général	Lecture généralement manuelle
	Lecture plus rapide	
	Lecture simultanée de plusieurs produits	Lecture produit par produit
Mémoire, disponibilité et accessibilité de l'information	Grande mémoire, possibilité de stocker plus d'information	
	Identification individuelle des produits	Identification par type de produits en général
	Possibilité de disponibilité de l'information sans consulter une base de données	Disponibilité de l'information en consultant la base de données
	L'information peut être effacée, modifiée, ajoutée	Information figée
	Possibilité de suivre le produit durant tout son cycle de vie	
	Possibilité de gérer le droit d'accès à certaines informations sur l'étiquette suivant le profil de l'utilisateur (fonctionnalité avancée de certains tags actifs)	L'accessibilité à l'information est traitée de façon globale
Coûts	Implémentation assez chère	
	Fonctionnement plus cher qu'avec un système de code-barres	
	Réduction de certains coûts (vol, perte, mauvais placement, inventaire)	
Standards et législation	En train d'évoluer	Bien établis

TABLE 1.3 – Avantages et inconvénients de la RFID par rapport à l'identification par codes-barres

51

1.5.3   Quelques applications de la RFID

Grâce aux avantages précédemment décrits (voir Section 1.5.2.2), la RFID a permis d'améliorer la performance de plusieurs systèmes, et d'apporter des solutions à des problèmes tels que l'incohérence des stocks, l'effet Bullwhip et le manque de visibilité des produits dans les chaînes logistiques...

[Sarac 2010] donne des exemples des gains potentiels que peut apporter l'identification par radio-fréquences dans les chaines logistiques : réduction des erreurs d'inventaire, du vol, des erreurs de mauvais placement des produits, et de l'effet Bullwhip, augmentation de la vitesse et de l'efficacité des processus, amélioration de la qualité de l'information...

L'identification par radio-fréquences n'est pas exclusive aux chaînes logistiques. Les études concernant l'impact de ces technologies couvrent un large panel de domaines tels que le système hospitalier [Housseman et al. 2011], la maintenance aéronautique [Jimenez et al. 2011], la logistique portuaire [Liu et Takakuwa 2011] et l'étude des insectes en biologie [Vinatier et al. 2010]...

Afin d'illustrer certaines applications de la RFID dans l'industrie, nous présentons ci-après quelques exemples issus de la littérature.

1.5.3.1   La RFID et les problèmes d'incohérence du stock

La cohérence entre le stock physique et sa représentation dans le système d'information est rarement parfaite. [Kang et Gershwin 2005] rapportent que la meilleure situation rencontrée chez les détaillants est celle où 75% à 80% des enregistrements dans la base de données correspondent exactement au stock réel. Ils rapportent aussi que dans certains cas, l'incohérence atteint 65% des enregistrements.

[Dolgui et Proth 2008] classent les raisons de l'incohérence entre le stock réel et l'information qui le représente en quatre catégories :

La perte de stock est, apparemment, la cause la plus répandue pour expliquer la différence entre le stock physique et l'information qui le décrit dans le SI[33]. La perte de stock peut être due au vol, à la détérioration des produits en raison d'une mauvaise manutention, ou à leur obsolescence. La non détection de ces pertes, surtout en cas de vol ou de mauvaise manutention, mène à une incohérence entre le stock physique et le stock dans le SI.

Les erreurs de transaction se produisent, par exemple, lorsque l'arrivée d'une marchandise ne fait pas l'objet d'une vérification avant l'entrée en stock. Cela arrive aussi quand les vérifications sont trop approximatives ou quand l'étiquetage est erroné.

---

[33]Système d'Information.

L'emplacement inapproprié Il s'agit de produits qui se trouvent effectivement dans le stock réel mais qui ne sont pas placés à l'endroit indiqué par le SI, il est donc difficile, voir impossible de les trouver lorsque l'on en a besoin. On peut citer aussi le cas de produits placés dans des emplacements inaccessibles ou difficiles d'accès.

L'étiquetage incorrect c'est par exemple le cas où l'étiquette collée sur le produit identifie, en réalité, un autre produit ou contient de fausses informations (nombre d'articles, type...).

Les mêmes auteurs donnent l'exemple d'une chaîne logistique simplifiée, à trois niveaux et constituée d'un producteur, d'un centre de distribution et de trois détaillants. A chacun des trois niveaux se trouve un stock avec un problème de perte non détectée de produits. Une expérimentation par simulation montre que l'augmentation du taux de pertes non détectées de produits, au niveau de chaque maillon de la chaîne logistique, provoque une augmentation considérable du nombre de ruptures de stock. L'utilisation d'une technologie RFID, à l'échelle des articles permet de réduire la perte de produits stockés mais ne la supprime pas complètement (e.g. les produits endommagés font partie du stock réel mais sont inutilisables). Par conséquent, cette réduction de la perte de produits aura une influence positive sur la baisse du nombre de ruptures de stock.

Il existe plusieurs autres études qui analysent l'impact des technologies RFID sur l'incohérence du stock due à des pertes non détectées de produits. Dans ce contexte, [Sarac et al. 2008] étudient une chaîne logistique à trois échelons, où il est question de trois produits différents. L'incohérence de l'information relative aux stocks est due à des problèmes tels que le vol, ou le placement inapproprié des produits. Les performances de plusieurs systèmes RFID, obtenus en combinant des lecteurs, des étiquettes et des niveaux d'étiquetage différents, sont comparées et montrent de grandes différences en termes de coûts et de profit potentiel.

Par ailleurs, [Kang et Gershwin 2005] étudient un système de stockage et observent que même un taux de perte de stock faible peut provoquer une rupture de stock significative (e.g. 1% et 2.4% de perte de stock provoquent un niveau de rupture de stock de 17% et 50%, respectivement, de la demande perdue totale). Pour pallier à ce problème, les auteurs proposent, par la suite, différentes solutions telles que le stock de sécurité, l'inventaire manuel et l'utilisation de technologies RFID. Ils concluent que même sans technologie d'identification sophistiquée, il est possible de contrôler, efficacement, le problème d'incohérence de l'information relative au stock, à condition de connaître le comportement stochastique de la perte de stock.

[Lee et al. 2004] proposent une étude par simulation où une chaîne logistique à trois échelons (producteur, distributeur et détaillant ayant un magasin pour le stockage et des rayons pour exposer les produits aux clients) est modélisée. Plusieurs scénarios sont analysés et l'apport de l'introduction de la RFID est évalué sur différents niveaux. On notera que la RFID, dans cette étude, ne réduit pas la diminution non désirée du stock mais permet une information plus cohérente qui elle même permet de mieux gérer les approvisionnements. Les résultats obtenus montrent que l'introduction de la RFID peut réduire de 23% le niveau de stock au centre de distribution, et éliminer totalement les commandes différées (*back orders*). Par ailleurs, une réduction de la quantité de commande, possible grâce à la RFID, peut provoquer une diminution du niveau de stock au centre de distribution de 47%. Néanmoins, les auteurs affirment que leurs scénarios ne sont pas complètement réalistes en raison de leur simplicité et conseillent de ne pas utiliser leurs résultats numériques de façon directe.

1.5.3.2 La RFID et l'effet Bullwhip

L'*effet Bullwhip*, également connu sous le terme : *amplification de la variabilité de la demande (AVD)*, est un phénomène connu dans les chaînes logistiques. Il s'agit de l'amplification d'un changement de la demande à un maillon m de la chaîne d'approvisionnement à chaque fois que l'information atteint un maillon $m+i$ de la chaîne (dans le sens détaillant $\Rightarrow$ producteur en passant par tous les autres maillons de la chaîne). Supposons, par exemple, qu'un détaillant augmente pour une raison ponctuelle la quantité de commande qu'il a l'habitude de demander au distributeur. Ce dernier, n'ayant pas d'information sur les raisons de cette augmentation, peut augmenter sa commande à son producteur d'un taux plus grand, pour pallier à d'éventuelles prochaines augmentations de la demande du détaillant. La variation de la demande continue ainsi à s'amplifier tout en remontant la chaîne logistique.

Ce phénomène a été étudié pour la première fois par [Forrester 1958]. Ce dernier a affirmé que la cause majeure est la difficulté de partager l'information entre les différents acteurs de la chaîne logistique. [Yücesan 2007] ajoute aussi les délais des flux matériels et d'information comme causes de l'effet Bullwhip. D'autres éléments tels la taille et la fréquence des lots commandés et la fluctuation des prix peuvent, également, influencer le phénomène. On notera que les tailles des lots, dans une chaîne logistique, sont généralement plus importantes lorsque l'on se dirige vers l'amont de la chaîne.

Pour pallier à l'effet Bullwhip ou, du moins, le diminuer, plusieurs études ont proposé l'utilisation de technologies telles que l'identification par radio-fréquences. En effet, la RFID utilisée dans les chaînes logistiques peut offrir plusieurs avantages tels qu'une visibilité améliorée des produits et une information en temps réel. Ces derniers paramètres ont un lien de causalité étroit avec l'effet Bullwhip, d'où une influence très probable des technologies RFID sur le phénomène. [Sarac et al. 2010] affirment que, grâce à la collecte d'information et aux propriétés de communication en temps réel qu'offrent les technologies RFID, la déformation de l'information peut être réduite de façon drastique, et la chaine logistique peut être gérée avec une vision d'ensemble.

A travers différentes études, plusieurs autres auteurs s'accordent à dire que l'utilisation des technologies RFID permettrait de diminuer l'effet Bullwhip ([Bottani et Rizzi 2008], [Wang et al. 2008], [Imburgia 2006], [Zaharudin et al. 2006], [Joshi 2000]). Selon ces études, l'impact de la RFID sur l'effet Bullwhip peut être lié à la diminution du stock de sécurité, à l'augmentation de la visibilité du stock, à l'amélioration de la gestion des approvisionnements ou à des prévisions plus cohérentes. [Saygin et al. 2007] confirment ces résultats mais soulignent le fait qu'une visibilité exagérée peut générer un surplus d'information, et diminuer, par conséquent, la performance de la chaine logistique.

1.5.3.3 La RFID dans les lignes d'assemblage

L'identification par radio-fréquences a d'abord été introduite dans la chaîne logistique, puis a progressivement fait son apparition dans les processus de production. Cependant, il existe très peu d'applications sur des cas réels de processus de production dans la littérature [Wei et al. 2010]. Certains chercheurs se sont intéressés à l'introduction de technologies RFID dans des lignes d'assemblage. Nous présentons, ci-après, quelques travaux sur le sujet.

Dans [Chen et al. 2009], les auteurs développent un *Manufacturing Execution System (MES)*[34] utilisant une technologie RFID. Le déploiement du MES est fait au niveau d'une micro-usine configurée en laboratoire et constituée d'un entrepôt, d'un centre de tri pour préparer les commandes et d'une ligne d'assemblage. On soulignera la ressemblance frappante entre cette micro-usine et le système réel que nous étudions dans cette thèse (voir le chapitre suivant). L'utilisation de l'IDentification par Radio-Fréquences se fait à plusieurs niveaux : les produits et les encours pour suivre leur déplacement et état d'avancement, les employés (sur leurs badges), etc. Dans cette étude, les auteurs font un retour d'expérience et abordent certains aspects pratiques de l'implémentation comme, par exemple, la synchronisation entre le MES et les périphériques RFID.

Dans [Wei et al. 2010], les auteurs implémentent un Système de Production d'Entreprise (EPS)[35] intégrant une technologie RFID. Le système est déployé dans une micro-usine expérimentale composée d'un entrepôt, d'un centre de tri et d'une ligne d'assemblage[36]. L'étiquetage RFID concerne essentiellement les produits et les palettes (en tant qu'objets à part entière). Par ailleurs, la lecture des étiquettes est faite à l'aide de plusieurs lecteurs RFID fixes et mobiles. Le système RFID permet de suivre le flux des produits et notamment d'assurer le fonctionnement d'un système de e-Kanban. Les auteurs évaluent la performance du système déployé suivant douze indicateurs et observent une amélioration sur neuf d'entre eux (la performance des livraisons, le temps de séjour des commandes, la réactivité de la chaîne logistique, la flexibilité de la production, la productivité des employés, le temps de cycle...). Les autres indicateurs tels que les coûts logistiques et les délais de livraisons du fournisseur, ne sont par contre pas améliorés. On notera cependant que les résultats obtenus sont qualitatifs et les valeurs numériques ne sont pas fournies.

[Tang et al. 2011] introduisent un système RFID pour remplacer le système de codes-barres dans un atelier constitué d'un entrepôt et d'une ligne d'assemblage automobile mixte (plusieurs types de produits). Les étiquettes RFID sont attachées au squelette des voitures ou aux contenants, les lecteurs RFID sont installés sur un système de convoyeur à friction et la lecture des étiquettes est faite de façon automatisée. L'étude aboutit à une amélioration du système, anciennement basé sur les codes-barres, en terme d'automatisation et de gain en capacité de production (augmentation de 6.6% environ), de réduction des erreurs et de traçabilité en temps réel

---

[34]Un MES ou Manufacturing Execution System est un système informatique qui a pour objectif de collecter en temps réel les données de production de tout ou partie d'une usine. Ces données serviront à plusieurs activités d'analyses telles que le contrôle de la qualité, le suivi de production, l'ordonnancement et la maintenance.

[35]L'acronyme signifie *Entreprise Production System* en anglais.

[36]Il s'agit très probablement de la même micro-usine expérimentale que celle de [Chen et al. 2009].

des produits (état d'avancement en temps réel, meilleure gestion de la production). Les auteurs soulignent également quelques difficultés rencontrées et les leçons retenues. A ce propos, ils proposent des recommandations concernant l'installation des lecteurs, la gestion des coûts et la démarche de déploiement. Ils recommandent par exemple de commencer par un déploiement pilote sur une partie limitée du système. De plus, ils insistent sur l'importance d'impliquer des gestionnaires du système afin de réussir le projet d'introduction de technologie RFID.

[Weining et al. 2010] soulignent certains problèmes rencontrés dans des systèmes de production caractérisés par la variété des produits et la petite taille des lots. Parmi ces problèmes, ils citent la non synchronisation entre les flux d'information et les flux des produits (e.g. avancement, déclenchement d'une situation anormale...), ce qui est dommageable pour la gestion et le contrôle de la production. Les auteurs mentionnent aussi le problème de la fréquence des erreurs humaines, particulièrement dans les processus rapides. Puis, ils constatent le besoin d'un système d'information efficace et réactif aux changements. Pour répondre au besoin ci-avant formulé, ils introduisent un système RFID dans une ligne d'assemblage de motocycle à Chongqing en Chine. Des étiquettes RFID sont utilisées pour identifier les employés, les produits et leurs contenants. Des lecteurs RFID fixes et mobiles sont utilisés au niveau des points de contrôle tels que les postes de travail de la ligne d'assemblage, et l'entrée et la sortie de l'entrepôt. Des terminaux interactifs font aussi partie du système RFID et permettent de transmettre aux employés, en temps réel, des informations comme la planification de la production ou les modes opératoires. Ces terminaux permettent aussi de remonter l'information (qualité des produits, évènements anormaux, avancement...) de l'atelier vers le niveau managérial. Ce système RFID établit donc une communication bidirectionnelle, complètement électronique (sans papier) et en temps réel entre le niveau managérial et le niveau opérationnel. Par ailleurs, avec un ajout faible d'employés et d'équipement en plus du système RFID, les résultats de l'étude montrent une augmentation de l'efficacité de la production de 8%~10%, une réduction des erreurs de 80% et une amélioration de la qualité de 60%~65% à 80%.

[Lianzhi et Fansen 2010] améliorent un système de traçabilité des problèmes de qualité dans une ligne d'assemblage de transmission de véhicules en utilisant une technologie RFID. En effet, dans ce cas d'étude, les transmissions assemblées peuvent présenter des problèmes de qualité tels que les bruits anormaux ou l'impossibilité d'assembler l'engrenage. La traçabilité de ces problèmes est faite, au début de l'étude, de façon partielle et manuelle. Pour améliorer le système et avoir une traçabilité complète et efficace des problèmes, les auteurs implémentent un système d'acquisition de données basé sur une technologie RFID et permettant d'obtenir des informations comme l'origine d'un problème (poste de travail, employé) ou son lien éventuel avec un type d'équipement en particulier. Le système RFID est composé d'étiquettes identifiant le personnel et les produits[37] ainsi que de lecteurs et de terminaux fixés aux points opportuns tels que les postes de travail. Des lectures automatiques des étiquettes des employés et des produits sont effectuées au fur et à mesure des déplacements des produits le long de la ligne d'assemblage.

---

[37]Les produits étiquetés sont en réalité ceux qui sont susceptibles de présenter le plus de problèmes suivant des statistiques exposées au début de l'étude. Le non étiquetage de l'ensemble des produits est lié à des facteurs de coûts de la RFID.

1.5. IDentification par Radio-Fréquences

En cas de détection d'un problème sur une transmission, lors d'une phase de vérification de la qualité ou de maintenance, le nouveau système permet de retrouver l'origine du problème. On notera la récupération des étiquettes RFID à la fin du processus productif et leur réutilisation sur de nouveaux produits.

[Wang et al. 2007] développent un système de traçabilité des objets utilisant une technologie RFID. L'objectif est de suivre les mouvements des produits et de prédire leurs positions dans les lignes d'assemblage. Les auteurs proposent la mise en place d'une grille de lecteurs RFID qui permettrait de localiser les objets étiquetés avec une précision de 22 cm en moyenne ; et ils développent un modèle de traitement des données issues du système RFID. Les auteurs comparent leurs travaux à des études se basant souvent sur des technologies de prise et de traitement d'image, d'où l'originalité de l'étude. L'objectif final de cette traçabilité est d'augmenter le degré d'automatisation et l'efficacité des processus d'assemblage ainsi que de fournir un support d'information pour la prise de décision.

[Baishun et Baoding 2011] développent un *Manufacturing Execution System (MES)* basé sur une technologie RFID et utilisé dans une ligne d'assemblage de produits électroniques. Le *MES* est défini comme un ensemble de fonctions qui couvrent tous les aspects de la gestion de l'atelier et de la communication avec le système d'information de l'entreprise. Parmi ces fonctions, les auteurs citent l'ordonnancement, l'affectation des ressources et l'acquisition de données liées à la production. Le système RFID, dans cette étude, comporte des éléments tels que des lecteurs installés sur les postes de travail et une signalisation numérique qui permet aux employés d'obtenir l'information nécessaire à l'exécution de leur travail en temps réel. Le MES basé sur une technologie RFID, établit ainsi une communication bidirectionnelle entre le niveau opérationnel et le niveau de planification. Par ailleurs, il contribue à augmenter l'efficacité du système de production.

Dans la grande majorité des études ci-avant présentées, les travaux sont orientés vers l'implémentation d'un système d'information intégrant le recueil, le traitement et la gestion des nouvelles données apportées par la RFID. Malheureusement, les rares comparaisons entre la performance du système avant et après l'introduction de la technologie RFID restent souvent qualitatives. L'unique cas où les auteurs apportent une comparaison quantitative entre le système doté et dépourvu de RFID, [Weining et al. 2010], est entaché de modifications supplémentaires (ajout d'employés et d'équipement, voir p. 56).

Par ailleurs, on notera que le grand intérêt pour les aspects logiciels liés à l'introduction de la RFID dans les lignes d'assemblage ne peut que souligner l'importance de cette partie du projet d'adoption de la technologie. En effet, cela peut exiger d'importants efforts d'analyse, de programmation [Dolgui et Proth 2010c, p. 170] et de collaboration entre les différents métiers de l'entreprise.

1.5.3.4 La RFID et la personnalisation des produits

La personnalisation de masse des produits que nous avons précédemment détaillée dans les Sections 1.2 et 1.3 apporte une dimension de complexité supplémentaire aux processus productif et logistique. [Hu et al. 2011] affirment qu'elle est à l'origine d'une variété croissante des produits dont la gestion nécessite des systèmes plus flexibles et plus complexes. Dans cet environnement particulier, la complexité est essentiellement liée à deux aspects :

* Le déclenchement de la production ou de l'assemblage *à la demande* du client (production souvent en Juste-à-Temps) ;

* La grande variété des produits.

En effet, la plupart des produits personnalisés sont fabriqués entièrement ou en partie après le passage de la commande du client et en Juste-à-Temps. Le délai de fabrication est donc une grandeur perçue par le client contrairement au cas de la fabrication sur stock. Le système se doit donc d'être rapide et réactif et la minimisation de la durée de fabrication est de rigueur. En outre, la production en Juste-à-Temps laisse une faible marge de manœuvre particulièrement en cas de perte ou de non qualité d'un produit, d'où l'importance d'une visibilité suffisante des encours pour détecter les anomalies au plus tôt et agir en fonction du problème. Par ailleurs, la planification de la production (nombre de produits, taille des lots, durée de fabrication...), dans le cas de la fabrication sur stock, est souvent faite bien à l'avance sur la base de prévisions et de façon optimisée en terme d'utilisation des ressources, de gestion des approvisionnements, etc. A l'inverse, dans le cas de la fabrication ou de l'assemblage à la demande de produits personnalisés, la planification est beaucoup plus difficile à établir car elle doit prendre en compte des commandes imprévisibles de produits différents. Ici également, le suivi des encours et de l'avancement du processus productif pour chaque commande peut s'avérer nécessaire.

En ce qui concerne la variété des produits, elle est généralement très élevée et peut atteindre des milliers ou des millions de produits différents. Elle induit une variabilité à plusieurs niveaux : une variabilité des processus, des durées opératoires, des gammes opératoires, etc. Cela rend les prévisions incertaines (e.g. dates de fin de fabrication) et la gestion de production plus complexe et plus dépendante de l'information sur les encours et sur l'avancement du travail. De plus, la variété des produits rend la tâche des opérateurs plus difficile et plus demandeuse d'information. En effet, contrairement au cas de la fabrication sur stock où les gammes opératoires sont généralement connues et peu nombreuses, dans la fabrication de produits personnalisés, la configuration de chaque produit est unique. D'où l'importance de synchroniser le flux des produits avec un flux d'information portant sur les composants de chaque commande et la configuration de chaque produit. Ce flux d'information nécessite souvent un travail de vérification non négligeable en termes de temps et de ressources. Ce travail se présente sous la forme de lectures multiples de codes-barres et de documents en papier par exemple. Par ailleurs, on rapporte souvent (e.g. [Chen et Tu 2009] et [Tu et al. 2009]) que la variété des produits est à l'origine de plusieurs erreurs commises par les opérateurs tels que l'assemblage de composants non adéquats, le manque de composants à la sortie du stock, la perte de produits, etc. De plus, les anomalies des produits personnalisés sont plus difficiles à traiter que ceux des produits standardisés. En effet, chaque produit est unique et la détection tardive d'une anomalie peut nécessiter la reprise du processus dans son intégralité. D'où l'intérêt de mettre en place un système d'information permettant de détecter les anomalies au plus tôt et empêchant leur propagation.

En parallèle aux contraintes croissantes liées à la personnalisation des produits, les technologies d'identification se développent et offrent des solutions intéressantes. Selon [Finkenzeller 2003], grâce à l'utilisation des techniques d'identification modernes, les systèmes de production sont aujourd'hui capables de proposer des produits différents ou déclinés en plusieurs variantes avec une taille de lot aussi petite que l'unité. Dans ce contexte, certaines études sur l'introduction de technologies RFID dans des systèmes industriels abordent des aspects liés à la personnalisation de masse. Quelques exemples sont cités ci-après.

[Chen et Tu 2009] étudient le cas d'un fabricant de bicyclettes taïwanais qui propose à ses clients des produits personnalisés haut et moyen de gamme. La personnalisation concerne le choix du modèle, de la taille du cadre, de la couleur, etc., avec un panel de choix estimé à six millions de variantes possibles. La production est gérée en juste-à-temps, et la traçabilité est assurée par l'utilisation de codes-barres, et de fiches en papier acheminant certains flux d'information. Les auteurs font d'abord l'état des lieux du système de départ et répertorient des problèmes tels que l'absence de codes-barres dans une partie du système en raison d'un environnement hostile (température élevée), une traçabilité manuelle causant une perte de produits d'autant plus néfaste lorsque il s'agit de production en juste-à-temps et de produits personnalisés, un délai important pour le transmission de l'information. Ils concluent que la traçabilité est imprécise et que la performance du juste-à-temps est très impactée par le manque d'information sur les encours en temps réel. Les auteurs proposent alors l'introduction d'une technologie RFID ainsi qu'un système multi-agents pour le contrôle de la production. L'expérimentation est faite à l'aide d'un prototype simulant le fonctionnement de l'atelier de production. Le prototype est constitué d'une zone de stockage et d'une zone de production. Suite à l'expérimentation, les auteurs déduisent des résultats qualitatifs tels que la réduction de l'intervention humaine, la détection précoce des problèmes de qualité et la limitation de leur propagation dans les processus aval, l'augmentation de la visibilité des produits, etc. Cela mène donc à une amélioration globale du contrôle de la production, du contrôle de la qualité et de la traçabilité.

[Tu et al. 2009] affirment qu'une production efficace des produits personnalisés nécessite une identification individuelle de chaque produit et insistent sur l'importante d'une visibilité complète et en temps réel des encours. Dans leur étude, ils proposent l'introduction, dans un système de personnalisation de masse, d'une technologie RFID et d'un système multi-agents qui contrôle la production et la coordonne de façon décentralisée. Une application est faite sur un cas industriel : un fabricant de bicyclettes personnalisées leader dans son domaine. Cette étude est très probablement la continuité des travaux de [Chen et Tu 2009] ci-avant présentés. Un prototype physique représentant le système de production réel est développé à l'aide de composants Lego[38]

---

[38]Lego est le quatrième fabricant de jouets mondial en 2010. Sa gamme de produits la plus connue est basée sur des briques élémentaires à assembler.

et d'éléments de contrôle (lecteurs RFID...). Ensuite, deux scénarios de gestion des encours sont comparés. Le premier scénario représente le fonctionnement actuel du système réel, tandis que le second scénario propose une gestion adaptative des encours qui se base sur la visibilité accrue et instantanée des encours. Cette visibilité n'est rendue possible que grâce à l'introduction d'une technologie RFID et d'un système multi-agents de contrôle de la production. La comparaison des deux scénarios montre une nette diminution des encours dans le second scénario. Les résultats de l'étude[39] montrent aussi une augmentation de la cohérence de la traçabilité allant de 70% dans le système actuel à 95% dans le système futur qui intègre une technologie RFID et un système multi-agents de contrôle de la production, une diminution de la perte de produits allant de 6% ou 7% à moins de 1%, une diminution des retards de livraison allant de 5% à moins de 1,5%, une économie de coût de main d'œuvre variant entre 10% et 50% suivant les processus impactés, une réduction du stock de 10%-15% et une réduction du temps de séjour des produits de 40%-50%.

L'étude de [Weining et al. 2010] a déjà été présentée dans la Section 1.5.3.3. Les auteurs s'intéressent au cas d'un fabricant de motocycles personnalisés et soulignent certains problèmes liés à la variété des produits (non synchronisation des flux de produits et d'information, erreurs humaines fréquentes...). L'introduction de l'IDentification par Radio-Fréquences permet d'augmenter l'efficacité de la production de 8% à 10%, de réduire les erreurs de 80% et d'augmenter la qualité de 60% à 80%.

[Tang et al. 2011] rapportent que, sous une pression grandissante, l'industrie automobile s'est vue obligée d'améliorer ses performances en automatisant ses processus et en adoptant des approches comme le Juste-à-Temps et la personnalisation de masse. Pour accomplir convenablement ces approches, supporter l'automatisation et accélérer les processus, des technologies communicantes telles que l'IDentification par Radio-Fréquences ont été utilisées. Dans leur propre étude, les auteurs s'intéressent au cas d'un équipementier automobile. Le périmètre de l'étude englobe une ligne d'assemblage mixte (voir la Section 1.4.2 pour la définition d'une ligne mixte) et un entrepôt pour le séchage des coques peintes des voitures. Le système initial utilise l'identification par codes-barres. Dès le début du processus de production, chaque voiture est munie d'un ensemble de papiers et codes barres pour décrire sa configuration et les options qui seront installées. A la fin du processus, chaque voiture a fait l'objet de 50 lectures de codes-barres, et chaque lecture a approximativement duré 15 secondes. Ce temps improductif est chiffré en milliers de dollars. Les auteurs soulignent aussi l'existence d'erreurs de configuration dans le système initial. En effet, dans chaque poste de travail de la ligne d'assemblage, le nombre de variétés d'une pièce de voiture peut atteindre la vingtaine, mais une seule variété est correcte au vu de la configuration de la voiture. Chaque variété peut convenir à la voiture en cours d'assemblage, chose qui rend les erreurs fréquentes. L'apport de cette étude se focalise sur deux axes : d'abord le remplacement du système de convoyage existant par un convoyeur à friction plus performant, ensuite l'intégration de lecteurs RFID au niveau du convoyeur afin de lire les étiquettes

---

[39]Notons que les résultats présentés par [Tu et al. 2009] sont des estimations recueillies lors d'une enquête menée auprès de plusieurs gestionnaires du fabricant étudié. Les estimations des gestionnaires sont basées sur les performances du prototype réalisé dans cette étude, sur une étude précédente des mêmes auteurs [Chen et al. 2008], ainsi que sur des statistiques internes du fabricant concernant la production et les coûts de la main d'œuvre.

incorporées aux squelettes des voitures. Les résultats de l'étude montrent un allégement de la charge de travail des employés, ce qui représenterait une augmentation de la capacité de production de 6,6%[40]. Les résultats montrent aussi une diminution des erreurs de configuration et une possibilité de mieux gérer la production en temps réel.

1.6 Conclusion du chapitre

Nous avons proposé, dans ce chapitre, une étude bibliographique englobant quatre thèmes liés à notre étude : la personnalisation des produits, les stratégies de production hybrides, les lignes d'assemblage et l'IDentification par Radio-Fréquences. Les trois premiers thèmes sont tous liés à la configuration à la demande qui est très peu présente comme telle dans la littérature. Nous avons expliqué le contexte dans lequel est apparue la personnalisation de masse des produits et son intérêt concurrentiel. Nous avons, ensuite, présenté les différentes stratégies de production hybrides qui découlent du compromis entre la standardisation et la personnalisation. Puis nous avons détaillé les avantages et les inconvénients de chaque stratégie et plus particulièrement la CTO. Cela nous permettra de comprendre certaines particularités et certains enjeux liés au cas industriel auquel nous nous intéresserons par la suite. En ce qui concerne les lignes d'assemblage, leurs caractéristiques ont été décrites en détail afin de bien situer le cas industriel en question dans cette thèse (voir Chapitre 2). Ensuite deux problématiques liées à cette stratégie de production ont été présentées : l'équilibrage des lignes d'assemblage et l'allocation du travail dans ces lignes. La première problématique permet de comprendre des éléments de base sur l'assemblage, la structure de la ligne et les contraintes de fonctionnement. La seconde problématique est directement liée à nos travaux exposés dans le Chapitre 4. Enfin, ce premier chapitre bibliographique se termine par un aperçu général des technologies RFID et de leurs apports potentiels notamment au niveau des lignes d'assemblage et de la production d'articles personnalisés.

---

[40]Dans cette étude, l'augmentation éventuelle de la capacité de production de 6,6% n'est pas un résultat recueilli après l'implémentation du nouveau système de convoyage et de RFID mais un résultat issu d'un calcul rapide avec quelques hypothèses.

Chapitre 2

Présentation du cas industriel et de l'approche utilisée

L'étude menée dans cette thèse s'inscrit dans le cadre d'un projet de recherche collaboratif et concerne principalement un cas industriel réel. L'entreprise utilise actuellement les codes-barres pour identifier ses produits et désire améliorer ses processus par l'introduction d'une technologie d'identification par radio-fréquences au niveau des produits. Parmi les différentes activités de l'entreprise, seule l'activité de configuration à la demande de photocopieurs sera impactée (l'implémentation de la RFID dans les autres activités dépendra très probablement des résultats du projet GEOCOLIS[1]).

Nous présenterons dans ce chapitre, le cas industriel, les processus actuels de configuration à la demande ainsi que les objectifs de notre étude. Ensuite, dans la Section 2.6, nous portons un regard critique sur le système existant et les éventuels points améliorables. Cette section constituera une base à l'introduction de la RFID qui ne sera abordée qu'à partir du chapitre suivant. Le second volet de ce chapitre est dédié à la présentation de l'approche méthodologique adoptée dans cette étude : la simulation et plus particulièrement la simulation à évènements discrets.

Les sections seront organisées comme suit.

* 2.1 Introduction

* 2.2 Le projet GEOCOLIS

* 2.3 Objectifs de l'étude

* 2.4 Le photocopieur configuré à la demande

* 2.5 Description des processus CTO réels à *Toshiba*

---

[1]Pour de plus amples informations, voir le site Internet du projet : www.geocolis.org ou la Section 2.2.

* 2.6 État du système de production actuel de *Toshiba* et points améliorables

* 2.7 Approche utilisée

* 2.8 Conclusion du chapitre

2.1 Introduction

Cette thèse est réalisée dans le cadre d'un projet industriel nommé GEOCOLIS. Le projet est financé par le FUI[2] et a une durée initiale de trois ans. Il vise à mettre en place un système de traçabilité qui permettrait une visibilité en temps réel des produits durant la phase de transport. A cette occasion, le porteur du projet, *Toshiba*[3], désire aussi avoir une meilleure visibilité de ses produits, au sein de l'usine. Le sujet de la thèse s'inscrit dans cette perspective. En effet, l'objectif est d'évaluer l'impact de l'identification par radio-fréquences sur les processus internes de *Toshiba*. Le périmètre du projet GEOCOLIS se limite à une seule des différentes activités de *Toshiba*, la configuration à la demande (CTO) de photocopieurs. Il en est de même pour les travaux de thèse présentés dans ce manuscrit. La Figure 2.1 montre le positionnement de cette thèse par rapport au projet GEOCOLIS sur lequel elle est financée.

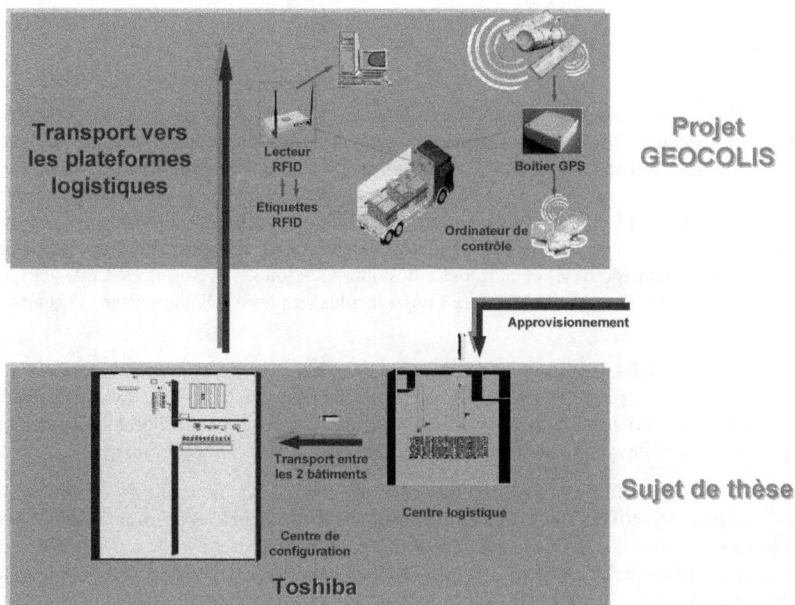

FIGURE 2.1 – Positionnement du sujet de thèse par rapport au projet GEOCOLIS

[2]FUI : Fond Unique Interministériel.

[3]TOSHIBA TEC Europe Imaging System S.A. (TEIS) est une entité industrielle qui fait partie du groupe TOSHIBA-TEC. Elle est basée à Dieppe et compte, à peu près, 300 employés. Elle a plusieurs activités telles que la configuration à la demande de photocopieurs et la fabrication de toners. Pour des raisons de simplification, nous appellerons principalement cette entreprise : *Toshiba* ou *l'industriel* tout au long de ce manuscrit.

Ce chapitre est dédié à la description du contexte industriel de nos travaux de thèse ainsi qu'à la présentation de l'approche méthodologique adoptée : la simulation à évènements discrets. Nous commencerons par présenter l'entreprise et le projet GEOCOLIS. Puis, nous présenterons les objectifs de l'étude. Ensuite, l'activité de configuration à la demande de photocopieurs à *Toshiba*, le produit final qui en est issu ainsi que les processus actuels relatifs à l'activité seront exposés. Ces mêmes processus feront l'objet d'une modélisation, d'une simulation et d'une amélioration dans les chapitres suivants. La description des processus réels sera succincte tout en soulignant certains points améliorables par l'introduction d'une technologie RFID, à savoir les lectures de codes-barres, les processus de validation et de vérification, etc. Pour simplifier la lecture, quelques autres détails liés à l'identification des produits dans le système actuel ne seront abordés que dans les deux prochains chapitres (3 et 4). La deuxième partie de ce chapitre explique, de façon assez détaillée, l'approche par simulation.

2.2   Le projet GEOCOLIS

TOSHIBA TEC Europe Imaging System S.A. est une entité industrielle du groupe TOSHIBA-TEC. Implantée depuis 1986 près de Dieppe en Seine-Maritime, elle compte près de 300 employés. Le site est composé de trois bâtiments où plusieurs activités de production et de service sont effectuées. Parmi ces activités, il y a l'assemblage de photocopieurs, la production de toner, la réparation de cartes, et la configuration à la demande de photocopieurs multifonctions... Cette dernière activité est proposée depuis 2003. En effet, le client final a la possibilité de choisir un modèle de photocopieur (de base) et de rajouter des options selon ses préférences. Cette activité fait partie du périmètre de notre étude et fera l'objet de plus amples explications dans la suite du document.

Par ailleurs, TOSHIBA TEC Europe Imaging System S.A. compte également parmi ses activités la distribution des produits TOSHIBA sur le marché français. En vue de devenir la plateforme logistique de distribution Européenne de son groupe, elle souhaite améliorer ses processus logistiques et acquérir des outils performants de traçabilité et de suivi des produits.

Pour ce faire, le projet GEOCOLIS est lancé en Novembre 2008, pour une durée initiale de trois ans[4]. Il a pour objectif d'aboutir à un outil logistique efficace, fiable et innovant assurant une traçabilité, en temps réel, des produits durant leur transport. Grâce à ce suivi, le transporteur sera en mesure de connaitre la localisation et les déplacements de ses produits de façon individuelle (par palette ou par article) et continue, tout au long de leur transport. Cela constitue un avantage considérable en termes de sûreté, de sécurité et de qualité du processus logistique.

Cette traçabilité est basée sur l'utilisation d'un couplage RFID/GPS[5]. Le GPS permettra la

---

[4]Le projet Geocolis a été prolongé jusqu'en Avril 2013.

[5]GPS : le système de positionnement mondial (Global Positioning System) permet de connaître la position d'un récepteur sur la surface de la terre avec une précision de quelques mètres. Ce système est largement utilisé dans des moyens de locomotion tels que les voitures.

géo-localisation embarquée d'un camion transportant une marchandise tandis que l'identification par radio-fréquences permettra de suivre son contenu. En dehors des défis techniques liés aux deux technologies séparément, et en particulier à la RFID non mature encore pour ce type d'applications, l'association des deux ajoute une dimension de difficulté supplémentaire.

Le projet prévoit un test et un déploiement des outils développés sur une partie uniquement de la chaine logistique de *Toshiba* : l'activité de configuration à la demande de photocopieurs. Par la suite, ces outils constitueront une solution qui sera commercialisée pour promouvoir une logistique à forte valeur ajoutée en Normandie, voire sur le plan national.

Le projet GEOCOLIS étant à l'origine de plusieurs missions et thèmes de recherche, sa réalisation est assurée par un consortium d'entreprises spécialisées dans les technologies requises (RFID et GPS), des laboratoires de recherche et un groupement d'assureurs. Pour plus d'information concernant les partenaires, voir les deux liens ci-après :

```
www.geocolis.org/tor_partenaires.php
www.geocolis.org/index.php
```

2.3 Objectifs de l'étude

Le projet GEOCOLIS, précédemment présenté (Section 2.2), utilise l'identification par radio-fréquences pour la traçabilité des produits pendant le transport. A cette occasion, une question est soulevée :

* Quelle serait l'impact de la RFID sur les processus internes de *l'industriel*, en amont du transport ?

Cette question émane des constats suivants :

* D'abord, pour améliorer au mieux un processus, il est intéressant et parfois nécessaire de faire des améliorations en amont de ce processus. Dans notre cas, l'augmentation de la traçabilité au niveau du transport peut nécessiter des processus internes plus performants et mieux tracés.

* Le second constat concerne le transfert de l'expérience acquise au cours de projets passés au profit des projets en cours ou futurs. L'expérience liée à la RFID du projet GEOCOLIS peut donc servir pour la mise en place d'une RFID au niveau des processus internes.

* Le dernier constat est l'éventuelle économie d'échelle au niveau des coûts d'investissement et de fonctionnement. En effet, la mise en place de moyens mutualisés, entre les processus externes (transport) et internes durant les phases de décision, d'implémentation et de fonctionnement de la RFID, permet une économie d'échelle.

Ces constats ayant mené au questionnement ci-avant énoncé, l'objectif de cette thèse est de prévoir l'impact de l'introduction d'une technologie RFID au niveau des processus internes de *l'industriel*. Nous rappelons que le périmètre de l'étude concerne l'activité de configuration à la demande de photocopieurs uniquement. Cette activité est, en réalité, divisée en deux parties effectuées dans deux bâtiments séparés (mais sur le même site). La première partie est une activité logistique visant à fournir les produits semi-finis nécessaires à l'assemblage du produit final. Et la seconde partie de l'activité est, à proprement parler, le processus d'assemblage ou de configuration. Un transport par camion assure le transfert des produits d'un bâtiment à l'autre.

L'impact de l'introduction d'une technologie RFID sur les processus de *l'industriel* peut être observé à deux niveaux :

* Nous étudierons d'abord l'impact direct de la technologie, à savoir la diminution des durées de processus et la libération de certaines ressources liées aux processus de vérification devenant rapides ou automatiques en présence de RFID. Nous considérons qu'il s'agit d'impact direct parce que *l'industriel* n'a pas d'effort supplémentaire à fournir, en dehors de la mise en place du système RFID.

* Dans un second volet, nous étudierons les impacts indirects de la technologie. En effet, nous mettrons à profit l'augmentation de la visibilité des produits dans le système et la facilité de collecter une grande quantité de données grâce à la RFID, pour effectuer des changements plus profonds du système en termes de distribution de la charge de travail dans la ligne d'assemblage.

Comme la plupart des problèmes de décision industriels, l'apport d'une solution est mesuré par des indicateurs de performances. Dans notre cas, nous nous intéresserons à des indicateurs particulièrement utiles pour *l'industriel* à savoir le temps de séjour, le taux de retard des commandes, le taux d'utilisation des ressources, etc. Ces indicateurs seront définis dans les Sections 3.2 et 4.2.2.

2.4   Le photocopieur configuré à la demande

L'activité qui nous intéresse, dans cette étude, est la configuration à la demande. Le produit concerné par cette activité est le photocopieur multifonctions TOSHIBA, appelé MFP[6] chez *l'industriel* (voir Figure 2.2). Ce produit peut avoir plusieurs fonctions telles que l'impression, la photocopie, la numérisation d'images par scanner, et la télécopie de documents (fax).

Le produit est composé d'un photocopieur de base sur lequel seront montées des options selon la configuration choisie par le client. Les options peuvent avoir plusieurs fonctionnalités :

---

[6]Multi Functional Product.

Cassette supplémentaire Il s'agit d'un élément qui permet d'alimenter le photocopieur en papier. Le rajout de cassettes supplémentaires permet d'agrandir la réserve de papier du photocopieur.

RADF [7] Désigne un élément qui permet de charger et de retourner automatiquement les documents.

Finisseur Elément qui permet d'obtenir des modes de finition de documents variés tels que l'agrafage simple, double ou en mode livret...

Carte réseau Elément permettant la connexion d'un photocopieur multifonctions à un réseau informatique.

Il y a aussi d'autres options telles que les extensions de mémoire, les modules WIFI et Bluetooth...

Le coût du photocopieur configuré varie entre quelques centaines et quelques milliers d'euros. Le photocopieur de base se décline en une trentaine de modèles qui peuvent être classés en trois catégories : les grands, les moyens et les petits.

FIGURE 2.2 – Exemple d'un photocopieur TOSHIBA

[7]Reversing Automatic Document Feeder.

2.5 Description des processus de configuration à la demande réels à *Toshiba*

Les flux internes liés à la configuration à la demande (CTO) de photocopieurs à *Toshiba* se situent dans un périmètre englobant deux bâtiments séparés ainsi que le transport de produits entre ces deux bâtiments :

* Le centre logistique communément appelé le TLC (Toshiba Logistic Center),

* Et le centre de configuration appelé TSC (Toshiba Set-up Center).

Nous ajouterons à ce périmètre, les flux en entrée et à la sortie du système (approvisionnement et expédition) en raison de l'activité de réception et de chargement des camions qu'ils génèrent, et également, en raison de leur influence sur le volume des stocks.

Le centre logistique (TLC), à droite sur la Figure 2.3[8], est un entrepôt où sont stockés des produits finis ou semi-finis en attendant leur consommation par une des différentes activités, précédemment exposées, de *l'industriel*. Les activités logistiques principales au TLC, dans notre contexte, sont la réception et le stockage des produits livrés par les fournisseurs, d'une part, et la préparation des commandes CTO et l'envoi des produits semi-finis au TSC, d'autre part. Ces deux activités sont indépendantes, ou plus précisément, leur relation est gérée en externe. On notera que le processus de préparation n'est déclenché qu'après le passage de commandes par les clients, car il s'agit d'un fonctionnement à la demande.

Le transfert des produits semi-finis constituant les commandes du TLC vers le TSC est assuré par un camion appelé *mulet*.

Le centre de configuration (TSC), à gauche sur la Figure 2.3, assure le montage du photocopieur configuré à la demande sur une ligne vouée à cet effet. La ligne comprend une succession d'étapes telles que la saisie informatique à l'entrée du TSC, le déballage, le montage et le filmage. Ces étapes sont, pour la plupart, effectuées sur des postes en parallèles. A la fin du processus, les produits finis sont expédiés vers les plateformes logistiques des transporteurs.

Remarque. *Des activités autres que la configuration à la demande ont lieu dans les deux bâtiments. Mais ces activités n'interagissent presque pas avec la CTO et ne seront donc ni décrites ni modélisées.*

Nous proposons, dans ce qui suit, une description plus détaillée des processus ci-avant énoncés.

---

[8]L'image est, en réalité, une copie d'écran du modèle qui sera décrit dans le Chapitre 3, mais elle décrit bien les processus réels de CTO.

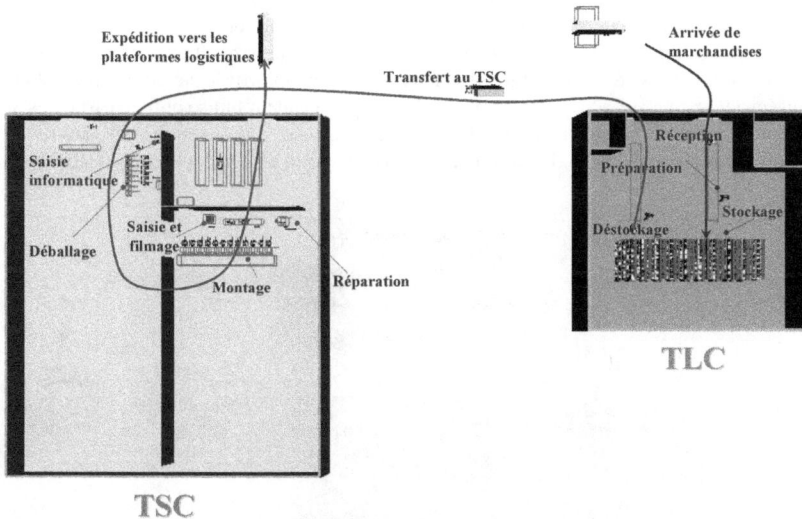

FIGURE 2.3 – Vue d'ensemble des bâtiments et des flux CTO

2.5.1 Les processus liés à la CTO au centre logistique (TLC)

2.5.1.1 La réception et le stockage

Le centre logistique reçoit régulièrement de la marchandise de ses fournisseurs. Les articles, livrés en lot et en quantités variables, peuvent être des photocopieurs, des options de photocopieurs ou autres. A chaque arrivée de camion, un processus de réception de la marchandise est déclenché (voir Figure 2.4). Après quelques vérifications, les magasiniers du TLC déchargent le camion à l'aide de transpalettes. Les articles reçus sont déposés dans un stock proche du quai de déchargement en attendant la saisie informatique de leur entrée, la vérification, l'ajustement des palettes trop grandes ou trop petites[9] ainsi que l'étiquetage. Une fois le processus de réception terminé pour tout le contenu du camion, les palettes sont stockées une à une par les magasiniers à l'aide de transpalettes. L'adresse de stockage de chaque palette est donnée par le système d'information. Dans ce processus de stockage, on notera qu'il y a deux lectures de codes barres par

---

[9]L'ajustement d'une palette consiste à augmenter ou diminuer le nombre d'articles sur une palette venant du fournisseur afin d'adapter ses dimensions aux emplacements de stockage.

palettes, une sur l'étiquette de la palette lors de son chargement sur le transpalette et une autre sur l'étiquette d'identification de l'adresse de stockage juste avant le déchargement de la palette. Il est important de noter que jusque là, les articles reçus et stockés ne sont pas dédiés à une activité particulière (CTO, distribution, refurbishing...). En effet, chaque produit est susceptible d'être consommé par une activité ou une autre selon le besoin et selon l'arrivée des commandes client. Par conséquent, même si l'activité de configuration à la demande n'utilise qu'une partie des articles reçus, les flux entrants sont confondus et ne peuvent être traités activité par activité. Le modèle prendra en compte la totalité des flux entrants au niveau de la réception et du stockage.

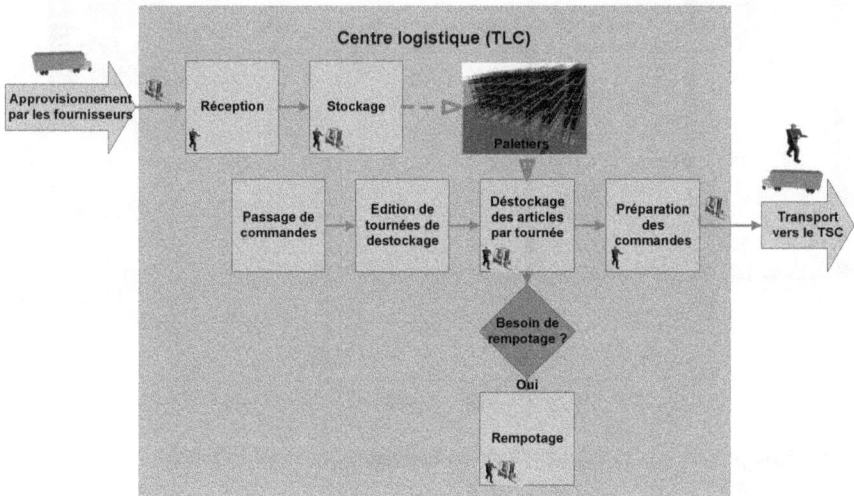

FIGURE 2.4 – Les processus dans le centre logistique

2.5.1.2 Le déstockage et la préparation des commandes CTO

Les commandes des clients en photocopieurs configurés à la demande sont reçues au niveau du système d'information tout au long de la journée. Chaque commande CTO est constituée d'un unique photocopieur et de plusieurs options et consommables choisis par le client en respectant les possibilités offertes par le type de photocopieur. Les options et les consommables (toner, papier...) sont traités d'une manière plus ou moins similaire, nous nous permettrons donc, dans la suite de l'étude, de regrouper ces deux catégories d'articles dans une même catégorie que nous appellerons *option*. Les photocopieurs ainsi que les options peuvent être de plusieurs types, une trentaine de types pour les premiers et plus d'une centaine de types pour les seconds. A chaque type correspond une référence d'article.

La prise en compte de ces commandes déclenche le déstockage des articles nécessaires et leur dépôt dans la zone de préparation. Pour optimiser les aller-retours entre les adresses de stockage et la zone de préparation, les commandes sont regroupées en tournée de déstockage. Il est à noter que le déstockage d'un article (ou d'un lot d'articles) demande une lecture de son code-barres et une lecture du code-barres de son adresse de stockage.

Au niveau des stocks, certains articles sont accessibles au déstockage et d'autres ne le sont pas, en raison de la hauteur de leur adresse de stockage par exemple, cela nécessite un rempotage des palettes non accessibles. Il s'agit, en effet, d'alimenter des stocks accessibles au déstockage (généralement au niveau du sol) à partir d'articles stockés ailleurs (au sol ou en hauteur). Le besoin de rempoter est déclenché par un déstockage qui a vidé une adresse accessible que nous appellerons : *adresse picking*. La priorité des rempotages est donnée par le système informatique en gardant l'ordre avec lequel les adresses de stockage s'étaient vidées. On notera que le rempotage d'une palette nécessite la lecture du code-barres de la palette et la lecture du code-barres de son adresse de destination. Après le déstockage d'une tournée de commandes, ces dernières sont préparées une par une dans la zone de préparation CTO. Cette opération consiste à déposer les articles de chaque commande sur une ou deux palettes, les plus volumineux en bas, et les plus petits en haut. Après cela, la tournée est validée et les palettes sont étiquetées. Durant la validation, plusieurs lectures de code-barres sont effectuées. Pour chaque commande sont effectuées des lectures du code-barres de cette dernière (du bon de préparation), de celui de sa tournée et de chacun de ses articles.

Une fois la préparation et la validation terminées, les machines restent à leurs places dans la zone de préparation en attendant le transfert vers le TSC. A l'arrivée du camion, appelé aussi *mulet*, au centre logistique, une ou deux tournées complètes de commandes préparées sont chargées à partir de la zone de préparation pour être envoyées au TSC. A noter que la fermeture des portes du camion prêt à effectuer le transport est sujette à une saisie informatique probablement à supprimer si l'identification par radio-fréquences est utilisée.

Remarque. *On notera que, dans le système ci-avant décrit, les flux matériels font l'objet de plusieurs vérifications (e.g. le processus de réception des marchandises, une partie du processus de préparation...). En outre, les emplacements où doivent être stockés ou déstockés les produits sont choisis automatiquement par le système d'information et indiqués aux opérateurs par un système radio-embarqué sur les outils de manutention. Par conséquent, ce système est performant et l'information recueillie par un système de codes-barres, pour le moment, est très fiable.*

2.5.2 Les processus liés à la CTO au centre de configuration (TSC)

Expédiées à partir du centre logistique, les commandes arrivent au TSC pour être assemblées suivant les configurations demandées par les clients. A l'arrivée du mulet, les palettes sont déchargées par les employés du TSC et déposées dans le stock de déballage CTO à l'entrée du bâtiment, en attendant la saisie informatique (voir Figure 2.5).

Le processus de saisie informatique est effectué par un employé du TSC en utilisant un or-

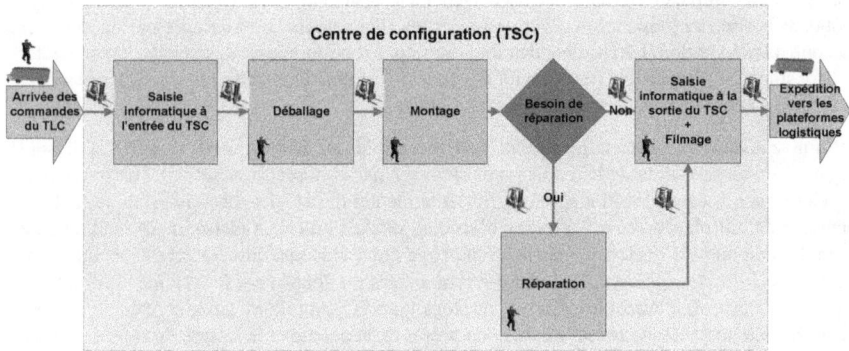

FIGURE 2.5 – Les processus dans le centre de configuration

dinateur. L'objectif est de mettre à jour la base de données en informant le système de l'entrée de la commande au TSC. Ce n'est qu'après ce processus, que la commande acquiert un statut lui permettant d'attendre le déballage.

Les postes dédiés au déballage sont disposés en parallèle. Une fois libre, chaque employé de déballage prend une commande parmi celles qui sont en attente, la déplace à l'aide d'un transpalette vers son poste puis déballe les articles un par un. Les codes-barres des articles sont découpés sur les emballages et gardés pour une vérification ultérieure, tâche probablement à supprimer en cas de présence de RFID sur les articles. Les emballages, par contre, sont jetés dans des poubelles de tri sélectif. Après le déballage, l'employé teste l'isolation électrique du photocopieur à l'aide d'un diélectrimètre, puis le transfère avec ses options vers un stock en face des postes de montage. De la même manière, les employés de montage prennent les commandes une à une à partir du stock en face de leurs postes. Ils assemblent chaque photocopieur avec ses options et ils font les réglages et les tests nécessaires.

Si une anomalie est détectée, l'employé de montage ramène le photocopieur à un poste dédié à la réparation, sinon il le transfère directement au poste de saisie. A ce stade, un employé dédié se charge de saisir les références de la machine, de lire les codes-barres découpés sur les emballages et d'éditer les étiquettes nécessaires pour la livraison. Après la saisie, le photocopieur est filmé à l'aide d'une machine de filmage puis stocké derrière un rideau séparant la zone de montage et la zone d'expédition.

Bien que faisant partie du bâtiment de montage, la zone expédition est gérée par le centre logistique. Par conséquent, un employé du magasin (le conducteur du mulet) se chargera de déplacer les palettes derrière le rideau vers le stock expédition où les commandes sont rangées en ligne suivant leur destination. Pour ce faire, il utilise un transpalette électrique à conducteur porté (longue fourche).

A l'arrivée du camion du transporteur, le magasinier s'occupe du chargement en transportant une ou plusieurs palettes à la fois avec son transpalette. Deux lectures de codes-barres sont faites au niveau de chaque palette dans la zone d'expédition, la première au moment du dépôt sur la ligne de destination et la seconde au moment du chargement dans le camion du transporteur.

L'organisation de la livraison du client final est gérée par le prestataire de livraison qui transporte d'abord les machines vers sa plateforme logistique. Ce processus est externe à *Toshiba* qui n'y prend pas part.

Le tableau 2.1 présente les caractéristiques de la ligne d'assemblage étudiée au regard des éléments de classification fournis en Section 1.4.

Caractéristique	Valeur de la caractéristique pour notre cas d'étude
Le rythme	Non rythmée, asynchrone
Le nombre de types de produits	Multi-produits (une trentaine de modèles de photocopieurs et des centaines d'options)
Le fonctionnement	Des groupes de postes parallèles sont placés en série et les produits les parcourent dans un sens unique et dans l'ordre (un produit donné utilise un seul poste dans chaque groupe)
Le degré d'automatisation	Manuelle
Les durées des tâches	Stochastiques
La parallélisation	Postes parallèles
La reconfigurabilité	Les postes de travail restent toujours à leur place mais peuvent être utilisés ou non suivant le volume de la demande

TABLE 2.1 – Caractéristiques de la ligne d'assemblage liée à cette étude

2.6 État du système de production actuel de *Toshiba* et points améliorables

La section précédente (2.5) a donné un aperçu du fonctionnement du système réel actuel de *Toshiba*. Nous avons pu noter une identification des produits par codes-barres couplée avec un système d'information performant qui permet une gestion efficace de l'activité. Parmi les aspects intéressants du système, nous avons constaté l'utilisation de bornes informatiques dans certains processus (e.g. tâches de vérification et de validation) pour permettre une interaction, en temps réel, avec la base de données et la synchronisation des flux de produits et d'information. Nous avons également noté l'utilisation d'un système radio-embarqué sur les outils de manutention dans l'entrepôt. Ce système embarqué permet aux employés de connaitre en temps réel les opérations de stockage, de déstockage ou de rempotage à effectuer ainsi que les adresses de stockage des produits (que ce soit pour les déposer ou les retirer). De surcroît, afin d'assurer des flux de produits et d'information cohérents, plusieurs vérifications et validations ont pu être notées tout au long de l'activité logistique et productive. Certaines requièrent des processus à part entière et d'autres s'intègrent dans les différents processus.

Dans les publications liées à l'introduction de technologies RFID, les systèmes réels sont parfois décrits dans leur état précédant l'évolution étudiée. Comparé à ces systèmes, celui de *Toshiba* est globalement performant. Parmi ses points forts :

* Des volumes de stock connus et une incohérence négligeable (cf. Section 1.5.3.1 pour le problème d'incohérence de stock).

* Une réactualisation de la base de données en temps réel dans certains processus.

* Un taux d'erreurs plutôt faible.

* La satisfaction des gestionnaires et des employés du fonctionnement actuel.

Cependant, certains points négatifs ou améliorables peuvent être également constatés :

* Les vérifications et validations comportant généralement des lectures de codes-barres avec des lecteurs manuels peuvent être consommatrices de temps, et générer des erreurs liées au facteur humain. De plus, à certains endroits, des ressources humaines sont entièrement dédiées à ces tâches, ce qui peut présenter une perte au niveau de la capacité de production.

* La lenteur des lectures manuelles de codes-barres oblige à limiter leur nombre. Pourtant, leur implémentation dans certains processus peut avoir une valeur ajoutée. Dans le TSC par exemple, le suivi des flux de produits est fait à l'entrée et à la sortie du bâtiment uniquement. L'état d'avancement de la production (qui peut s'étaler sur trois jours) et le volume d'en-cours ne sont donc pas connus en temps réel.

* La connaissance de certaines données statistiques est très approximative (durées de processus, variabilité des durées de processus...), particulièrement à cause des lectures de codes-barres manquantes.

* La traçabilité des produits est complètement manuelle et utilise un support papier dans certaines étapes du processus. A la réception des produits approvisionnés, par exemple, les références des produits ainsi que leurs nombres sont saisis manuellement dans la base de données. En outre, au déballage, une fiche de configuration (en papier) est renseignée pour chaque commande afin de confirmer l'adéquation des articles.

2.7 Approche utilisée

L'aide à la décision passe souvent par l'étude d'un système[10]. Cela permet d'avoir un aperçu des relations entre les différents composants du système ou de prédire la performance de ce dernier sous de nouvelles conditions [Law et Kelton 2000, p. 3]. L'étude d'un système peut être réalisée avec différentes approches. Dans notre cas, nous avons choisi une approche par simulation à évènements discrets et nous avons utilisé un outil logiciel dédié à ce genre d'approche pour le développement du modèle et la simulation. Nous expliquons ci-après, de façon succincte, les différentes approches qui existent (selon la classification de [Law et Kelton 2000]), les raisons de notre choix ainsi que les étapes clés de notre approche.

2.7.1 Les différentes approches qui existent pour étudier un système

[Law et Kelton 2000, p. 4] proposent un schéma clair qui résume les différentes approches utilisées pour analyser un système (voir Figure 2.6). En effet, les expérimentations nécessaires à l'étude peuvent être menées soit sur le système réel soit sur un modèle le représentant. Dans ce dernier cas, le modèle peut être physique ou mathématique. Un modèle physique est matériel comme, par exemple, la maquette miniaturisée d'un avion utilisée pour simuler un *crash*. A l'opposé, un modèle mathématique représente un système en termes de *relations logiques et quantitatives* sans recours à un support physique. Ce genre de modèle est souvent traduit en langage informatique pour permettre une résolution plus rapide du problème. Dans ce contexte, le développement des capacités de calcul et de stockage des ordinateurs modernes, a une réelle influence sur les méthodes de résolution et la complexité des modèles. Les modèles mathématiques se décomposent en deux catégories : les modèles analytiques et les modèles de simulation. La première catégorie est généralement bien adaptée à des systèmes simples ou des systèmes qui peuvent être réduits à des systèmes simples, en raison de la faible interaction entre leurs composants, par exemple. Elle se présente souvent sous forme d'équations mathématiques à résoudre. Les solutions analytiques liées à ce genre de modèle ont l'avantage de donner une information *vraie* ou presque. Par contre, lorsque les systèmes sont trop complexes pour être modélisés de façon analytique, la simulation peut être une alternative intéressante. Elle ne donne qu'une *estimation d'une information vraie*, mais elle permet de prendre en compte des interactions complexes entre les composants du système.

---

[10]Un système est un ensemble d'entités (e.g. personnes, machines, etc.) qui agissent et interagissent entre elles dans l'objectif d'atteindre une certaine fin logique [Schmidt et Taylor 1970]. D'après [Law et Kelton 2000, p. 3], la désignation du mot *système* dépend des objectifs de l'étude en question. En effet, ce qui est considéré comme un système pour une étude donnée, peut représenter uniquement un sous-ensemble du système global pour une autre étude.

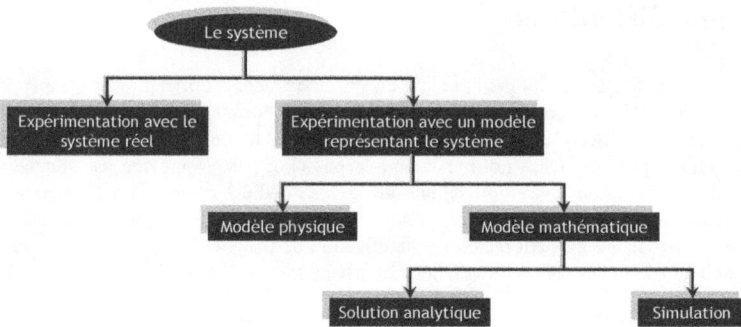

FIGURE 2.6 – Les différentes approches pour étudier un système [Law et Kelton 2000, p. 4]

2.7.2 La simulation

La simulation est une représentation simplifiée du fonctionnement d'un système utilisée pour répondre à des questions au sujet du système et de ses performances ou pour résoudre un problème. Elle intègre uniquement les éléments du système nécessaires pour atteindre les objectifs de l'étude. Selon [Law et Kelton 2000, p. 3], il s'agit de l'une des techniques de recherche opérationnelle et de science de la gestion les plus répandues, voire *la* technique la plus répandue. Elle constitue, comme précisé précédemment, une approche très intéressante pour étudier des systèmes complexes. [Banks 1998] affirme que c'est le cas pour la majorité des systèmes réels et en particulier ceux de fabrication. Il insiste donc, dans ces conditions, sur la nécessité de cette approche. [Law et Kelton 2000, p. 2] ajoutent même que la simulation a démontré son utilité et sa puissance pour des problèmes tels que la conception et l'analyse de systèmes de fabrication.

La simulation a plusieurs avantages. Elle permet, selon [Pegden et al. 1995], de concevoir de nouveaux systèmes, de tester de nouvelles procédures opératoires ou organisationnelles, des règles de décision, des flux d'information, de détecter des goulots d'étranglement, etc. sans interrompre le fonctionnement du système réel, ni investir dans de nouvelles ressources. Elle permet aussi d'étudier certains phénomènes en accélérant ou ralentissant le temps au cours de l'étude, chose infaisable si l'expérimentation est réalisée avec un système réel. La simulation peut aussi apporter une meilleure compréhension de l'interaction entre les variables d'un système et leur influence sur ses performances. Par ailleurs, certaines études sont impossibles à mener sans l'utilisation d'un modèle en raison de leur coût éventuel, de leur dangerosité ou de leur délai de mise en place.

On notera que ces avantages comparent essentiellement une démarche par expérimentation sur un système réel avec une démarche utilisant un modèle. Par conséquent, certains de ces avantages ne seront pas exclusifs aux études par simulation et peuvent concerner les études par modèles analytiques également.

2.7. Approche utilisée

Quant à la comparaison entre les modèles analytiques et de simulation, lorsque les deux techniques sont possibles, la simulation peut permettre de prendre en compte plus de détails et de s'affranchir d'hypothèses contraignantes et trop simplificatrices de la réalité. En effet, nous remarquons dans certaines études analytiques l'adoption d'hypothèses discutables. Par exemple, [Baker et al. 1993] utilisent les chaînes de Markov pour étudier l'allocation des ressources dans une ligne d'assemblage simplifiée contenant cinq postes. Ils font l'hypothèse de durées opératoires exponentielles ou uniformes. En utilisant les chaînes de Markov également, [Magazine et Stecke 1996] étudient le rendement de lignes de production en adoptant des durées opératoires exponentielles. Pourtant, [Kelton et al. 2011, p. 34-35] affirment que l'hypothèse des durées opératoires exponentielles est particulièrement non réaliste dans la plupart des cas. De plus, il est difficile de mesurer l'impact que cela peut avoir sur l'exactitude des résultats et par conséquent sur la validité de l'étude.

En parallèle avec ses avantages, la simulation a également quelques inconvénients. [Banks et al. 2010, p. 6] en citent quatre :

* L'établissement d'un modèle requiert un entrainement spécifique et s'apprend avec une expérience effective. Dans ce contexte, [Law et Kelton 2000, p. 2] affirment qu'en négligeant d'adopter une vraie méthodologie de simulation, certains auteurs ont malheureusement réduit cette dernière à un exercice de programmation, ce qui a mené à des conclusions erronées.

* Les résultats peuvent être difficiles à interpréter, en raison du caractère stochastique de la majorité des modèles. Ainsi, l'analyse des résultats demande-t-elle certaines connaissances statistiques.

* La simulation peut être consommatrice de temps et de ressources ; la sous-estimation de la charge de travail peut aboutir à des objectifs non atteints.

* La simulation est parfois utilisée à tort dans des cas où une solution analytique est possible et même préférable. Cela est particulièrement vrai dans certains systèmes de files d'attente où des modèles analytiques existent déjà.

Par ailleurs, [Law et Kelton 2000, p. 3] soulignent d'autres points négatifs qui tendent à ralentir l'expansion de la simulation. Parmi ces points, ils citent la grande complexité de certains modèles représentant des systèmes de grande échelle et la durée d'exécution parfois conséquente de ce genre de simulation.

Cependant, le développement des ordinateurs modernes qui deviennent de plus en plus puissants et de moins en mois onéreux améliore les temps d'exécution et permet de stocker et de traiter plus d'information. D'autre part, les outils logiciels dédiés à la simulation évoluent rapidement pour faciliter et accélérer la construction de modèles. Ils offrent souvent la possibilité de développer des modèles sans recours à la programmation. Par ailleurs, les logiciels modernes comportent souvent des modules statistiques permettant d'analyser les données d'entrée et les résultats des simulations.

2.7.3   La simulation à évènements discrets

Il existe différents types de simulation. La simulation à évènements discrets, continue, multi-agents, et de Monte Carlo en font partie. L'un des critères de classification souvent pris en compte est *le temps*. Si le système simulé évolue au cours du temps, la simulation est dite *dynamique*. Si, au contraire, le modèle représente un système à un instant particulier, ou le temps ne joue aucun rôle dans le système, le modèle est dit *statique* [Law et Kelton 2000, p. 5]. La représentation de l'écoulement du temps dans un modèle de simulation dynamique peut être *continue* ou *discrète*. Dans le cas discret, le temps prend des valeurs discrètes et évolue par paliers (voir Figure 2.7).

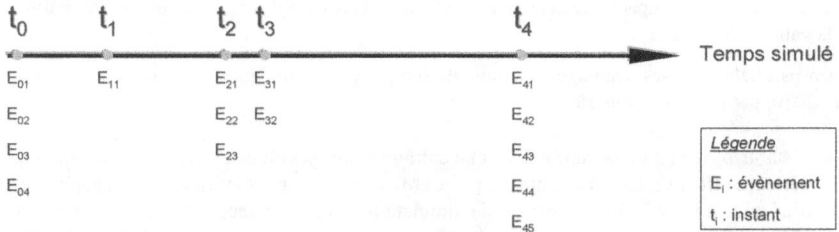

FIGURE 2.7 – Discrétisation du temps dans la simulation à évènements discrets

On définit ainsi la *simulation à événements discrets*. Il s'agit en effet d'un type de simulation où l'état du modèle change uniquement à des instants (simulés) discrets. Ces instants, appelés "*event times*", peuvent être aléatoires ou distribués de façon régulière [Schriber et Brunner 2008]. A chacun de ces instants simulés, un ou plusieurs évènements doivent se produire. Le plus souvent, ces évènements se produisent un par un dans un ordre donné. On notera une subtilité : une durée de temps réel (courte mais non nulle) s'écoule entre l'exécution de deux évènements programmés à un même instant simulé. Autrement dit, l'exécution des actions se passe en suivant une boucle à deux phases : d'abord exécuter toutes les actions possibles à un instant simulé donné, ensuite avancer l'horloge simulée d'un pas [Schriber et Brunner 2008].

Remarque. *Selon les mêmes auteurs, ce fonctionnement mène souvent à une complexité logique liée à l'ordre dans lequel doivent être classés les évènements d'un même instant simulé. Notre propre expérience a montré que cet ordre n'est pas toujours connu par le développeur du modèle car souvent lié au fonctionnement interne du logiciel de simulation choisi. Cela peut provoquer des* bugs *durant le développement du modèle. Pour pallier à ce problème, nous avons eu recours, dans des cas exceptionnels, à un décalage temporel artificiel court (1 sec) pour s'assurer de l'ordre de certains évènements.*

2.7.4   Pourquoi avons nous choisi la simulation à évènements discrets ?

Comme mentionné dans la Section 2, nous avons comme objectif de mesurer l'impact de la RFID sur une entité de fabrication réelle. La complexité du système réel et les objectifs pour lesquels le modèle a été développé, ont rendu le choix de la simulation inévitable.

Par ailleurs, habituellement, un système réel contient aussi bien des variables continues que des variables discrètes. Néanmoins, selon les objectifs de l'étude, l'accent peut être mis sur le caractère discret ou continu du système. Dans notre étude, plusieurs événements discrets sont importants. Par exemple, l'arrivée d'un camion, la réception d'une commande, le début ou la fin d'un processus ou d'une attente... D'autre part, la majorité des grandeurs continues, comme le déplacement d'un camion ou l'évolution élémentaire d'un processus, ne sont pas importantes, dans ce contexte. Pour toutes ces raisons, le choix d'un modèle de simulation à événements discrets nous a semblé approprié. On notera également que le choix d'un outil de simulation qui convient à notre problématique (*Automod*) a largement conditionné le type de simulation utilisée. Pour plus d'information sur le choix de l'outil de simulation, voir Section 3.7.1.

2.7.5   Les différentes étapes d'une approche par simulation

D'après [Banks et al. 2010, p. 14], une étude basée sur la simulation qui se veut minutieuse et rationnelle doit satisfaire les étapes décrites dans la Figure 2.8 à la page 82.

2.7.5.1   Etape 1 : formulation du problème et des objectifs

La première étape est la formulation du problème et l'établissement des objectifs. [Banks et al. 2010] définissent ces derniers comme étant les questions auxquelles doit répondre la simulation. [Law 1991] affirme que cette première étape est très importante mais souvent négligée dans les études de simulation. Selon le même auteur, cela est en partie dû à un manque de compréhension de la nature de la simulation, de l'information qu'elle est capable d'apporter, des efforts et du temps qu'elle pourrait nécessiter. Notre propre expérience ainsi que certaines de nos lectures confirment l'importance de cette première étape. On imaginera bien que malgré des efforts considérables et des résultats intéressants, si les réponses apportées par une étude de simulation ne sont pas en phase avec les objectifs et les questions qui l'ont motivée, l'étude est probablement *inutile*. *Le meilleur modèle pour le mauvais problème est clairement non valide* selon [Law 1991]. [Law et Kelton 2000, p. 268] donnent l'exemple d'un analyste militaire américain qui a développé un modèle de simulation pendant une durée de six mois. L'étude s'est déroulée sans interaction entre l'analyste et le donneur d'ordre. Lors d'une réunion entre les deux parties, le donneur d'ordre a déclaré que l'étude ne répondait pas à ses attentes et a quitté la salle cinq minutes après le début de la réunion. A ce sujet, [Banks et al. 2010] souligne l'importance de la collaboration entre les décideurs et l'analyste en charge de la modélisation afin d'aboutir à une formulation du problème comprise, approuvée et adoptée par toutes les parties impliquées.

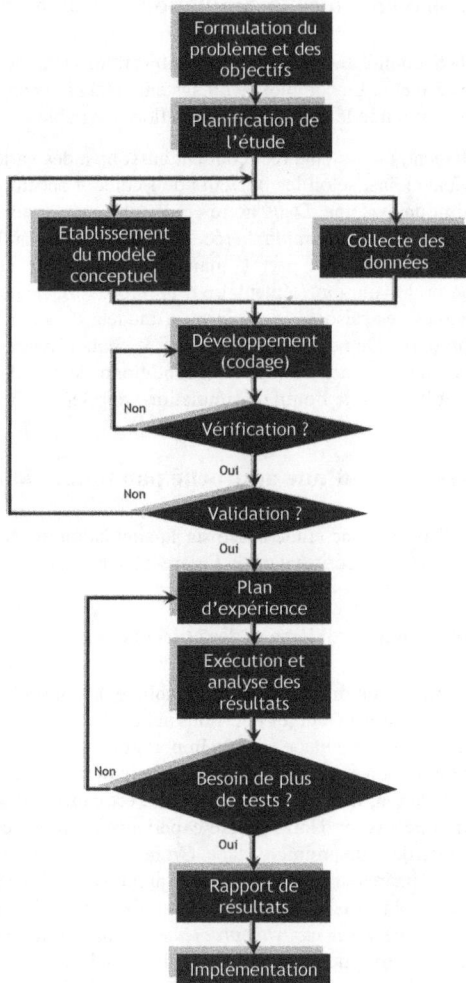

FIGURE 2.8 – Les étapes d'une démarche de simulation, adapté de [Law et Kelton 2000]

La formulation des objectifs de l'étude peut se décliner en plusieurs points à expliciter. [Law 1991] insiste sur la nécessité d'une réunion initiale entre les différentes parties concernées afin de définir des points tels que :

Les problèmes du système actuel s'il y en a, afin d'anticiper les améliorations possibles et les scénarios à prévoir pour le modèle.

Le mode d'utilisation prévu Dans le processus de prise de décision, le modèle de simulation peut être utilisé de différentes façons. Il peut être utilisé hebdomadairement pour l'ordonnancement de la production, ou de façon unique pour estimer les performances d'un nouveau système[11], etc. Selon l'utilisation prévue du modèle de simulation, les exigences sur la précision des résultats, la convivialité de l'interface, la facilité de modifier les données d'entrée, et la vitesse d'exécution de la simulation... peuvent varier. Ne pas prévoir ces spécifications au début de l'étude impliquerait des modifications lourdes du modèle par la suite.

L'utilisateur final La convivialité et la facilité d'utilisation prévues pour le modèle dépendent fortement de l'utilisateur final. Un analyste expérimenté en simulation n'aurait pas besoin d'autant de convivialité qu'un ingénieur de production par exemple. De surcroît, il est parfois nécessaire de prévoir le développement d'une interface homme/machine pour faciliter l'utilisation du modèle (e.g. la modification des données d'entrée...)

Les indicateurs de performances permettent de mesurer l'apport d'une solution ou de comparer plusieurs scénarios de façon objective selon les grandeurs qui intéressent l'industriel. On notera que certains outils de simulation conçus pour les systèmes de fabrication, intègrent par défaut les indicateurs les plus classiques (e.g. taux d'utilisation des ressources, taille moyenne d'une file d'attente...). Cela permet un travail de développement en moins et donne la possibilité, bien que déconseillée et limitée, d'ajouter un indicateur de performance en cours de route. La définition des indicateurs de performance au début de l'étude est très importante parce qu'un modèle offrant une bonne estimation d'une mesure de performance peut être incapable d'en faire autant pour une autre mesure selon [Law et McComas 1989].

Les différentes configurations du système à étudier Il est courant de développer un modèle de base qui est, par la suite, décliné en plusieurs configurations à analyser et à comparer. La non prévision d'une configuration peut impliquer un travail conséquent de recodage, d'où l'intérêt d'avoir une vision plutôt claire des différentes déclinaisons du modèle dès le début de l'étude.

Nous ajouterons aux points ci-avant énoncés,

---

[11]On notera, cependant, que les applications de la simulation concernent souvent la phase de conception des systèmes et leur utilisation pour établir des décisions opérationnelles fréquentes reste limitée selon [Banks et al. 2010].

Le niveau d'exactitude des résultats doit être spécifié tôt durant la démarche de simulation selon [Sargent 2010]. En effet, un modèle de simulation ne fournira presque jamais des résultats exactement identiques à la réalité. Il y aura souvent un écart qu'il faudra prévoir et essayer de quantifier à l'avance. Les moyens à mettre en place, les délais et les coûts du projet ne sont pas les mêmes selon la valeur de l'écart. Il est généralement admis que plus l'écart est faible plus les coûts sont élevés et que la réduction de l'écart devient non rentable à partir d'un certain seuil. Certaines étapes suivantes de la démarche de simulation seront fortement impactées par la valeur prévue de l'écart notamment la collecte des données et le développement du modèle conceptuel.

Pour conclure sur cette étape clé dans la démarche de simulation qui est la formalisation du problème et des objectifs, nous insistons sur son importance et sa nécessité avant d'aborder toute autre étape. Il faut être d'autant plus vigilant sur ce point dans les milieux industriels non habitués à la simulation, parce que l'idée du modèle se substituant au système réel pour toute fin utile (et décidée à postériori), est malheureusement assez répandue. La réalité des études de simulation et plus généralement des études de modélisation (analytiques ou de simulation) montre bien qu'un modèle n'est, en général, valide que pour les objectifs pour lesquels il a été conçu. On notera néanmoins que, dans certains cas, les objectifs de l'étude évoluent et doivent faire l'objet d'une reformulation [Banks et al. 2010].

2.7.5.2 Etape 2 : planification de l'étude

Comme tout projet, une étude de simulation doit faire l'objet d'une planification des tâches, des ressources disponibles, des coûts, des livrables, etc. De part son expérience, [Law 1991] rapporte que les études de simulation consomment souvent plus de temps que prévu en raison d'une sous-estimation initiale de la complexité du système et de son fonctionnement.

2.7.5.3 Etape 3 : collecte des données

Il est généralement nécessaire, dans les études de simulation, de recueillir des informations et des données sur le système en question (qu'il existe ou non). Il s'agit alors de les analyser, les traiter et les intégrer dans le modèle ou les utiliser durant l'étape de validation (voir Section 2.7.5.7). Nous distinguerons trois types de données :

Données d'entrée du modèle Il s'agit de spécifier les paramètres du modèle et les valeurs qu'ils prendront. Dans notre étude, par exemple, la demande (commandes passées par les clients), les durées des tâches, et le nombre de ressources nécessaires pour chaque processus font partie des données d'entrée du modèle. L'intérêt d'une collecte précoce de ces données n'est pas intuitif. En effet, il peut sembler acceptable de développer la structure du modèle et d'initialiser ses paramètres avec des valeurs provisoires avant une collecte rigoureuse des données d'entrée. Cela est souvent dû aux délais d'obtention de l'information communiquée par les industriels, ainsi qu'à la sous-estimation de l'importance et de la difficulté de la tâche en question.

Cependant, le choix des paramètres du modèle de simulation, leur intégration et le niveau de détail désiré dépendent fortement de variables telles que la disponibilité, la fiabilité et la variabilité des données, la difficulté, la durée et les coûts de la collecte, etc. Ces variables ne sont pas forcément prévisibles et sont souvent connues à postériori. D'où l'intérêt de collecter les données d'entrée du modèle avant l'étape de développement.

Données sur la structure et le fonctionnement du système Elles concernent la logique des flux matériels et d'information, des processus productifs ou logistiques, les entités du système et leurs caractéristiques...

Données sur la performance du système réel Ces données permettront de comparer les sorties du modèle avec les performances du système réel afin d'apprécier la validité du modèle et de mesurer les éventuels écarts.

L'étape de collecte des données est très importante car elle constitue une base indispensable pour le développement du modèle. Son contenu est déterminé, de façon significative, par les objectifs de l'étude. Par ailleurs, il s'agit d'une tâche parfois difficile et qui occupe une part importante de la durée totale d'un projet de simulation selon [Banks et al. 2010]. La difficulté proviendrait de la multitude des sources d'information (entretiens avec des opérateurs, des ingénieurs et des gestionnaires, documents, bases de données, observation...), de l'incohérence éventuelle de l'information, de la non formalisation préalable du fonctionnement du système à modéliser.

2.7.5.4   Etape 4 : établissement du modèle conceptuel

Comme pour tout projet informatique en général, il est très important de concevoir un modèle, de penser sa structure et son fonctionnement, de fixer ses hypothèses et ses simplifications... avant de commencer à le coder dans un langage informatique ou à l'aide d'un logiciel dédié. Il s'agit d'établir un *modèle conceptuel*. [Banks 1998] le définit comme étant une série de relations mathématiques et logiques concernant les composants et la structure du système. [Banks et al. 2010] et [Law et Kelton 2000, p. 269] rapportent qu'il est préférable dans ce travail de modélisation de se concentrer sur les points essentiels du problème et de commencer d'abord par un modèle simple puis d'augmenter la complexité au besoin sans dépasser le niveau de détail adéquat aux objectifs de l'étude. Un excès de détails augmenterait le coût et la durée du projet sans améliorer la précision des résultats, voire la dégraderait en raison du cumul des erreurs. [Banks et al. 2010] conseillent aussi d'impliquer l'utilisateur final du modèle dans cette étape pour améliorer la qualité des résultats, accroître la confiance de l'utilisateur dans le modèle et augmenter ainsi la validité et la crédibilité du modèle. [Law 1991] et [Law et Kelton 2000, p. 85] préconisent de regrouper toutes les hypothèses et les données recueillies précédemment dans un document appelé "*document des hypothèses*"[12]. On notera que l'établissement du modèle conceptuel doit s'achever par une validation de ce dernier avant d'aborder l'étape de développement. Cette validation se fait en étroite collaboration avec l'industriel et se base sur une lecture collaborative et critique du document des hypothèses.

2.7.5.5 Etape 5 : développement (codage)

[Banks 1998] définit cette étape comme étant la traduction du modèle conceptuel en une forme compréhensible par un ordinateur et appelle le résultat "*modèle opérationnel*". A ce sujet, le choix de l'outil informatique nécessaire pour développer le modèle revêt une importance capitale [Law et Kelton 2000, p. 203]. On regroupe souvent les outils en deux catégories : les langages de programmation et les logiciels dédiés à la simulation (voir Figure 2.9).

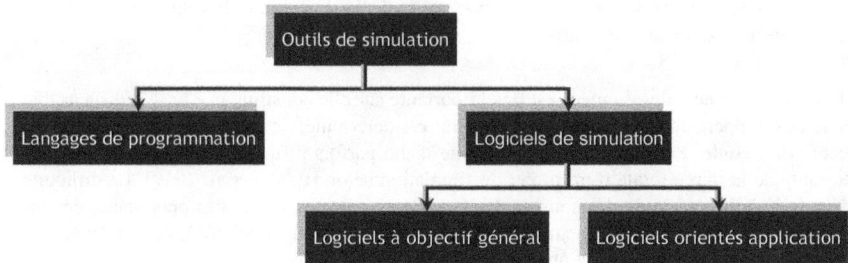

FIGURE 2.9 – Classement des outils de simulation selon [Law et Kelton 2000]

L'utilisation des langages de programmation classiques comme Fortran, C, C++ ou autre offre plusieurs avantages tels que le coût relativement faible des logiciels utilisés, la connaissance bien répandue de ces langages, la flexibilité, et la durée d'exécution optimisée de la simulation si le modèle est développé efficacement. Cependant, l'effort, les coûts et la durée de développement des modèles de simulation s'avèrent parfois importants voire très contraignants. Les logiciels de simulation, en revanche, offrent une infrastructure dotée des fonctionnalités classiques qu'un modèle peut nécessiter. Parmi ces fonctionnalités, on trouve généralement la génération de nombres aléatoires, la gestion des files d'attente, la collecte et la mise en forme de statistiques liées aux résultats, les structures d'entités telles que les ressources, les véhicules et les stocks, etc. Par ailleurs, les logiciels modernes offrent souvent la possibilité de développer des modèles avec une approche graphique (boites de dialogue, palette d'objets...). De plus, ils intègrent, dans la majorité des cas, un pseudo-langage de programmation afin de répondre à des besoins spécifiques et offrir plus de flexibilité. L'utilisation de logiciels de simulation plutôt que les langages de programmation classiques est conseillée par [Law 1991]. [Swain 2007] recense une quarantaine de

---

[12]Document des hypothèses : traduction des termes anglais "*assumptions document*".

logiciels pour la simulation à évènements discrets en 2007. Ces logiciels de simulation, comme le montre la Figure 2.9, peuvent être à objectif général ou orientés application. Les premiers permettent de modéliser tout type d'application (e.g. Arena) et les seconds sont généralement dédiés à un type particulier d'application comme la fabrication, les centres d'appels, la santé, etc. (e.g. Automod, Simio, Flexsim).

2.7.5.6   Etape 6 : vérification

[Banks 1998] définit la vérification comme étant le processus par lequel on détermine si le modèle opérationnel se comporte comme prévu. C'est donc la garantie de la correction du programme informatique développé et de son implémentation [Sargent 2010]. Il s'agit d'une étape extrêmement importante [Banks 1998] de la démarche de simulation et faite en grande partie en se basant sur le bon sens [Banks et al. 2010]. Par ailleurs, [Banks 1998] recommande vivement que la vérification soit effectuée comme un processus continu en lien étroit avec le développement du modèle. En effet, retarder la vérification jusqu'à la fin du développement intégral d'un modèle complexe mènerait assurément à une simulation qui ne s'exécute pas correctement et la correction des erreurs serait extrêmement difficile [Law et Kelton 2000, p. 269]. La vérification est considérée complète lorsque les données d'entrée et la structure logique du modèle sont correctement représentées dans l'outil informatique.

[Law 1991] proposent plusieurs techniques de vérification telles que :

L'utilisation de l'animation   La majorité des logiciels de simulation offrent la possibilité de voir l'avancement de la simulation avec une animation. Cette dernière permet, dans le cadre de la vérification, de détecter certains disfonctionnements et erreurs logiques mais elle ne garantit pas leur élimination totale.

Le développement du modèle de façon modulaire   et la vérification de chaque module après son développement.

L'utilisation du *débuggeur* et de la *trace*   Il s'agit de fonctionnalités classiques des outils de simulation. Le *débuggeur* permet de suivre l'exécution du code pas à pas tandis que la *trace*, une technique très puissante selon [Law et Kelton 2000, p. 269-273], permet de suivre l'arrivée des évènements élémentaires pas à pas. On notera que le code gérant l'exécution de certains évènements n'est pas visible par le développeur car les logiciels de simulation permettent souvent de développer un modèle en partie ou en entier sans recours au codage. De surcroit, dans les modèles de simulation à évènements discrets, plusieurs entités peuvent être traitées à un même instant simulé. Ces deux raisons expliquent la coexistence de la *trace* et du *débuggeur*.

La vérification structurée du code   En le parcourant intégralement et de façon ordonnée. [Law et Kelton 2000, p. 269-273] conseilleraient de faire cette révision par plus d'une personne, l'objectif étant d'avoir une vision autre que celle du développeur qui peut être biaisée.

La vérification de la vraisemblance des résultats A ce sujet, [Law et Kelton 2000, p. 269-273] proposent par exemple l'utilisation de plusieurs jeux de données d'entrée et la comparaison des résultats avec des historiques issus du système réel ou avec des résultats issus de calculs analytiques si le modèle est simple ou simplifiable. Il est, par exemple, possible de remplacer provisoirement des durées de processus stochastiques par des durées constantes afin de pouvoir calculer analytiquement les valeurs de certains indicateurs de performance et les comparer avec les résultats de la simulation. Par ailleurs, la comparaison des résultats de la simulation avec des historiques est généralement faite au niveau des moyennes et des écarts types. La vraisemblance des résultats peut être également établie par le bon sens sans passer par la comparaison.

2.7.5.7 Etape 7 : validation

La validation est une étape clé de la démarche de simulation. [Balci 1998] confirme son extrême importance pour compléter les efforts de modélisation avec succès. La validation permet de déterminer si le modèle est *une représentation correcte du système étudié* [Law et Kelton 2000], *pour les objectifs particuliers de l'étude* (voir [Fishman et Kiviat 1968]) et *dans le domaine d'applicabilité prévu* pour le modèle [Schlesinger 1979]. Le lien entre la validité du modèle et le respect des objectifs de l'étude est très important puisqu'un modèle peut être valide pour les objectifs d'une étude et ne pas l'être pour une autre étude.

Par conséquent, un modèle valide est en mesure de donner des résultats fiables sur lesquels se baserait une décision satisfaisante. Toutefois, la validité d'un modèle n'est pas un concept absolu. Les différentes méthodes de validation ne conduisent pas nécessairement aux mêmes résultats et l'exactitude des résultats d'un modèle est en réalité jugée avec une marge d'erreur généralement définie et acceptée par l'utilisateur du modèle.

La validation est une étape itérative [Banks et al. 2010] faite en comparant les résultats du modèle avec ceux du système réel s'il existe. Elle est répétée jusqu'à ce que l'écart entre le réel et le modèle soit suffisamment petit et que la cohérence du modèle soit jugée suffisante.

Notons la différence entre la vérification et la validation, et la confusion fréquente entre les notions.

2.7.5.8 Etape 8 : plan d'expérience

Le plan d'expérience d'une étude par simulation doit déterminer, de façon précise, les différentes alternatives à simuler (e.g. paramètres à varier, scénarios), le mode d'initialisation de la simulation (e.g. une durée de *warmup*), le nombre de réplications (voir Section 3.7.7) pour chaque scénario ainsi que la longueur de la période simulée [Banks 1998].

2.7.5.9 Etape 9 : exécution de la simulation et analyse des résultats

L'exécution de la simulation et l'analyse des résultats permettent d'estimer les performances du système et des différentes alternatives au niveau des indicateurs préalablement choisis (voir Section 2.7.5.1 pour les indicateurs de performance). La comparaison des différentes alternatives et le choix éventuel de la meilleure solution se font aussi à cette étape.

L'analyse des résultats englobe souvent des analyses statistiques qui sont facilitées par l'utilisation des modules statistiques des logiciels de simulation. Parmi ces modules, citons AutoStat dans Automod, OptQuest dans Flexsim, SimRunner dans Promodel, etc. Par ailleurs, les analyses statistiques sont d'autant plus nécessaires quand il s'agit de modèles stochastiques (i.e. non déterministes) où plusieurs réplications (voir Section 3.7.7 pour les réplications) de chaque simulation doivent être exécutées et analysées.

Notons qu'à l'issu de cette étape d'exécution et d'analyse de la simulation et au regard des résultats obtenus, l'analyste peut décider d'ajouter de nouveaux tests, donc d'enrichir le plan d'expérience préalablement établi [Banks et al. 2010].

2.7.5.10 Etape 10 : rapport de résultats

Selon [Banks et al. 2010], tous les résultats de la simulation doivent être reportés de façon claire et concise dans un document final. Cela n'empêche pas d'établir des rapports intermédiaires, il est même conseillé de le faire (cf. [Musselman 1998] pour plus de détails à ce propos). Le document final permettra à l'utilisateur final du modèle de passer en revue la formulation du problème, les différentes alternatives étudiées, les critères de comparaison, les résultats des tests ainsi que les conclusions de l'étude et les solutions recommandées.

[Law 1991] ajoute au rapport écrit une présentation finale où sont invités, entre autres, les gestionnaires et les décideurs qui n'ont pas été impliqués dans les détails du projet de simulation.

Le rapport final et la présentation permettent, à la fois, de récapituler les résultats de l'étude de simulation, et d'augmenter la crédibilité du modèle, condition sans laquelle l'étude en question ne peut être un maillon du processus décisionnel.

2.7.5.11 Etape 11 : implémentation

Une étude de simulation a souvent pour objectif d'apporter une aide à la décision. Cela pourrait concerner :

* L'introduction d'une nouvelle technologie ou de nouvelles machines ;
* Le dimensionnement d'un système de production ou l'augmentation de sa capacité pour faire face à une demande croissante ;

∗ Une nouvelle organisation d'un atelier de production avec différents scénarios possibles...

L'étude de simulation ayant apporté une réponse aux questions soulevées, l'implémentation du nouveau système est souvent l'étape finale de la démarche. Le succès de cette étape finale dépend de la qualité du travail et de l'implication de l'utilisateur final du modèle dans les étapes précédentes selon [Banks et al. 2010]. En effet, si l'utilisateur comprend la nature du modèle, ses hypothèses, ses résultats, et s'il a participé activement à la validation, la probabilité d'une implémentation vigoureuse du nouveau système est augmentée. A l'inverse, l'exclusion de l'utilisateur du processus de simulation peut être très néfaste à l'exploitation des résultats de l'étude et à l'implémentation du nouveau système, et cela indépendamment de la validité du modèle.

Cependant, notons que les conclusions de l'étude de simulation peuvent déconseiller l'évolution vers un nouveau système, auquel cas l'implémentation n'a pas lieu d'être.

2.8   Conclusion du chapitre

Ce chapitre était dédié à la présentation du cas industriel étudié dans cette thèse et du cadre méthodologique général de notre approche. Pour le cas industriel, nous avons fourni quelques informations sur le projet GEOCOLIS et l'entité de production *Toshiba*. Ensuite, nous avons défini les objectifs de l'étude et décrit succinctement les processus réels que nous modéliserons, par la suite, dans les Chapitres 3 et 4. Un bilan de l'état actuel du système et des améliorations possibles a aussi été dressé afin de préparer l'étude qui suivra dans les chapitres 3 et 4. En ce qui concerne le cadre méthodologique de notre approche, nous avons présenté la simulation et plus particulièrement la simulation à évènements discrets, puis nous avons décrit, en détail, les étapes de ce genre d'approche. Pour cela, nous nous sommes basés d'une part sur la littérature et d'une autre part sur notre propre expérience acquise lors de cette thèse. L'intérêt de cette description détaillée était d'expliquer au lecteur l'importance d'adopter une démarche méthodologique convenable car la négligence de certaines étapes peut s'avérer extrêmement dommageable par la suite.

Chapitre 3

Modélisation et simulation de l'introduction d'une technologie RFID dans l'activité CTO de *Toshiba*[1]

Après avoir décrit la configuration à la demande à *Toshiba* dans le Chapitre 2, nous traiterons dans ce chapitre de la simulation de cette activité. Nous présenterons d'abord les indicateurs de performance choisis pour l'étude. Puis, nous détaillerons la modélisation du système en plusieurs sections. Ensuite, les étapes finales de notre démarche (vérification, validation...) seront décrites. Enfin, les expérimentations relatives à l'introduction de technologies RFID seront présentées et les résultats discutés.

Les sections seront organisées comme suit.

* 3.1 Introduction

* 3.2 Indicateurs de performance

* 3.3 Analyse des données industrielles

* 3.4 Entités et structure du modèle

* 3.5 Description des processus modélisés

* 3.6 Dimensionnement et affectation des ressources au TSC

* 3.7 Mise en œuvre de la simulation

* 3.8 Expérimentation RFID

---

[1]Les résultats de ce chapitre ont fait l'objet de deux publications dans des conférences internationales : [Haouari et al. 2011a] et [Haouari et al. 2011b].

* 3.9 Conclusion du chapitre

3.1 Introduction

Les systèmes de personnalisation de masse précédemment présentés dans le chapitre bibliographique (Chapitre 1) peuvent être particulièrement complexes en raison de la grande variété de produits, des flux physiques et d'information intenses et complexes et des taux d'erreurs généralement beaucoup plus élevés que lors de la production sur stock de produits standards. De plus une attention particulière doit généralement être prêtée au temps de séjour des commandes dont la longueur peut être très pénalisante d'un point de vue client. Les outils d'identification classiques tels que les codes-barres commencent à atteindre leurs limites dans ces environnements particuliers en raison de leur lenteur et de la faiblesse de la taille d'information mémorisée sur les étiquettes, ce qui mène très souvent à la non synchronisation entre les flux physiques et d'information ou du moins à une synchronisation partielle. De plus, sur le plan stratégique, le manque d'information sur le déroulement de la production, sur les états d'avancement, etc. ne permet pas d'établir des statistiques fiables qui caractérisent ces systèmes de production généralement variables. Le processus décisionnel s'en trouve négativement influencé.

Le développement de technologies d'identification modernes telles que l'IDentification par Radio-Fréquences semble apporter une réponse au besoin naissant de technologies alternatives aux codes-barres. Dans le chapitre 1, nous avons présenté quelques études de cas abordant l'introduction de technologies RFID dans des systèmes de production personnalisée. Cependant, nous avons regretté le manque de mesures quantitatives précises sur l'apport des technologies RFID dans ce genre de système.

L'objectif de ce chapitre est de montrer, à travers l'étude du cas réel *Toshiba*, l'intérêt d'utiliser l'identification par radio-fréquences dans des systèmes de personnalisation de masse, et plus particulièrement dans le cas de la configuration à la demande.

L'approche méthodologique utilisée dans l'étude est la simulation à évènements discrets qui a déjà été présentée en détail dans le chapitre précédent. Elle se décompose en deux grandes phases : la modélisation puis la simulation. Le lecteur trouvera dans ce chapitre une application de cette démarche sur notre cas d'étude : les étapes importantes et intéressantes de la modélisation sont présentées et le modèle résultant est détaillé.

Dans la deuxième partie du chapitre, nous présentons les résultats de la simulation du cas *Toshiba* et les apports potentiels des technologies RFID dans ce cas précis.

3.2 Indicateurs de performance

La connaissance des performances d'un système industriel est nécessaire pour assurer un fonctionnement correct, atteindre les objectifs préalablement fixés ou décider d'une évolution future du système. Cette connaissance passe par le choix puis l'utilisation d'indicateurs de performance qui offrent un repère pour l'interprétation et la comparaison des différentes informations concernant la performance du système. Dans ce contexte, [Harrington 1991, p. 164] affirme que "*lors-qu'on ne peut pas mesurer, on ne peut pas améliorer*". D'où l'importance du choix d'outils et d'indicateurs adéquats. Par ailleurs, on rapporte que le manque de mesures de performance adéquates est un des problèmes majeurs dans la gestion des processus [Davenport et al. 1996] et dans la gestion de la chaîne logistique [Dreyer 2000].

Un indicateur de performance est un outil de mesure ou un critère d'appréciation qui permet d'évaluer d'une façon objective une situation, un processus, un système, un service ou autre... Il est d'une grande utilité pour les décideurs en quête de solutions. Cependant, pour atteindre les objectifs escomptés du choix d'un indicateur, ce dernier doit satisfaire certaines conditions. [Kiba 2010] propose les conditions suivantes :

La pertinence Autrement dit, l'indicateur doit être approprié au système et aux objectifs de la mesure. Il doit apporter une information utile pour juger de l'efficacité du système étudié. Il ne suffit donc pas d'adopter les indicateurs classiques souvent utilisés pour le même type de système. Le choix doit émaner d'une interaction fructueuse entre le niveau managérial et opérationnel et concorder avec les objectifs de l'entreprise.

La précision L'information apportée par l'indicateur doit être univoque et sans ambigüité.

La facilité de la collecte et du traitement de l'information En effet, la collecte et le traitement de l'information ne doivent pas entraver le fonctionnement du système ou le ralentir. Par ailleurs, dans certains cas, le choix d'un indicateur de performance donné n'est rendu possible que grâce à l'utilisation de technologies comme l'identification par radio-fréquences, les codes-barres ou autre.

La communicabilité L'indicateur, son interprétation ainsi que les raisons et les objectifs de son choix doivent être compréhensibles par les différentes parties impliquées. Autrement, la perception de la performance du système serait biaisée et des décisions erronées en découleraient.

Dans une étude comme la présente, un choix minutieux des indicateurs de performance est un passage obligé. Cela fait partie de l'étape de formulation du problème et des objectifs (voir Section 2.7.5.1). Une concertation étroite avec les personnes concernées de *Toshiba*, notamment les responsables des centres logistique (TLC) et de configuration (TSC) a permis d'identifier deux indicateurs utilisés pour juger des performances du système réel : le *taux d'utilisation des ressources* et le *temps de séjour des commandes*. De plus, cette concertation a clairement montré l'importance de fournir aux clients des commandes sans retard. Nous retiendrons, par conséquent, le *taux de commandes en retard* comme indicateur de performance, même s'il n'a pas été explicitement exprimé par *l'industriel*. Par ailleurs, le *rendement* du système est aussi un indicateur de performance nécessaire. En effet, si les résultats de fonctionnement du système (réel ou simulé) montrent un temps de séjour court et un taux d'utilisation des ressources faible, cela peut être dû à un rendement faible du système et non pas à une bonne performance. D'où la nécessité de prendre en compte l'indicateur.

3.2.1 Rendement

Comme expliqué précédemment (voir Chapitre 2), les commandes en photocopieurs configurés à la demande ne sont pas connues à l'avance et arrivent au fil de l'eau. Par conséquent, sur une période donnée Δt_n, la capacité de production, bien que variable pour s'adapter au mieux à l'aléa, ne satisfait pas toujours la totalité des commandes[2]. Certaines commandes restent en attente ou en cours de traitement à la fin de la période Δt_n. Par conséquent, nous appellerons *rendement* le nombre de commandes satisfaites au cours de la période étudiée Δt_n. L'objectif pour cet indicateur de performance est d'atteindre son maximum qui est le nombre total de commandes à satisfaire[2].

3.2.2 Taux d'utilisation des ressources

Le taux d'utilisation d'une ressource exprime le rapport entre la durée pendant laquelle la ressource travaille effectivement et la durée pendant laquelle elle est disponible (qu'elle soit occupée par un travail ou non). Dans cette étude, les ressources sont considérées disponibles durant les heures d'ouverture, en dehors des pauses.

Le taux d'utilisation des ressources donne des informations précieuses sur les goulots d'étranglement et les gaspillages dans le système. En effet, quand il est trop élevé (> 80% ou > 90%), dans une partie du système, de longues files d'attente tendent à se créer. Dans ce contexte, [Vandaele et De Boeck 2003] confirment le lien qui existe entre le taux d'utilisation des ressources et le temps de séjour (voir Section 3.2.3). Ils rapportent que le temps de séjour augmente d'une façon rapide et non-linéaire en fonction du taux d'utilisation des ressources. Dans le cas contraire, quand le taux d'utilisation des ressources est jugé trop bas (e.g. < 50%), les décideurs peuvent allouer moins de ressources à l'activité.

3.2.3 Temps de séjour (ouvré)

Dans cette étude, le temps de séjour est la durée entre l'instant où la commande est passée et l'instant où le produit sort du processus global de CTO et commence l'attente du transport.

Il s'agit d'un indicateur de performance clé dans notre contexte. En effet, dans l'environnement compétitif actuel, les producteurs ainsi que tous les maillons de la chaine logistique essaient

---

[2]La totalité des commandes à satisfaire pendant la période Δt_n = Commandes restantes de la période Δt_{n-1} (ou encours initial) + Commandes passées pendant la période Δt_n.

On notera que le nombre de commandes total à satisfaire pendant la période Δt_n contient des commandes arrivant à la fin de la période et ne pouvant, par nature, pas être satisfaites pendant la même période. Cela en raison d'un délai de fabrication minimum évidemment non nul. Logiquement, il ne faut pas les intégrer dans le nombre de commandes total à satisfaire pendant la période Δt_n. Cependant, vu que le nombre de commandes arrivant en fin de période est négligeable par rapport au nombre total de commandes, nous adopterons l'hypothèse de simplification ci-avant citée.

de satisfaire au mieux le client. Cela nécessite, entre autres, que les commandes soient satisfaites au plus tôt. Par ailleurs, dans une politique de configuration à la demande (CTO), l'assemblage commence après le passage de la commande. Par conséquent, le temps de séjour constitue une partie de la durée d'attente du client, contrairement à une politique de fabrication sur stock (BTS) (voir Section 1.3) où les produits finis sont fabriqués à l'avance et les commandes satisfaites sans délai. Cela explique donc l'importance de l'indicateur de performance *temps de séjour* dans une politique CTO.

Le temps de séjour est composé de durées de processus et de durées d'attente. Ces dernières constituent une grande partie de la valeur que prend l'indicateur (94% en moyenne dans notre cas d'étude) et se passent aussi bien pendant la durée ouvrée que pendant les heures de fermeture (nuit et weekend dans cette étude). *L'industriel* considère qu'il n'est pas de son ressort de réduire l'attente liée aux heures de fermeture. Par conséquent, la fin de semaine (samedi et dimanche) n'est pas prise en compte dans le calcul du temps de séjour. Cela permettrait de supprimer la part d'attente non maitrisée et de mieux observer, comparer et analyser les résultats de la simulation. De plus, cela réduirait probablement la variance de l'indicateur.

Décomposition du temps de séjour en temps de séjour TLC et temps de séjour TSC

Les bâtiments logistique et d'assemblage sont gérés séparément, ce qui mène ce producteur à diviser le temps de séjour total en deux temps de séjour partiels, un pour le TLC et un autre pour le TSC. D'une part, cela permet une gestion plus modulaire du système de production et d'une autre part, cela donne une information plus précise sur les goulots d'étranglement du système et sur les améliorations possibles.

3.2.4   Taux de commandes en retard

Dans le système réel, il est difficile d'éliminer complètement le retard. Nous définirons, par conséquent, l'indicateur de performance *taux de commandes en retard* comme le rapport entre le nombre de commandes satisfaites en retard et le nombre total de commandes satisfaites (en retard ou non). Dans cette étude, il s'agit probablement de l'indicateur de performance le plus important d'un point de vue client, en raison de son effet direct sur la satisfaction de ce dernier : si une commande est livrée en retard, le client sera probablement mécontent. On notera que l'objectif pour cet indicateur est de le réduire au maximum. L'utilisation d'une technologie RFID, par exemple, peut constituer un bon moyen pour tendre vers cet objectif.

Dans notre étude, le producteur doit satisfaire ses commandes en 5 *jours*, en dehors du transport. Au delà de ce délai, nous considérons que les commandes sont en retard. Néanmoins, pour des raisons fonctionnelles expliquées précédemment (voir section 3.2.3), l'objectif global de 5 *jours* est divisé en deux objectifs séparés, 2 *jours* dans le TLC et 3 *jours* dans le TSC. Nous distinguerons donc trois indicateurs de performance : les deux taux de commandes en retard au TLC et au TSC ainsi que le taux de commandes en retard au total.

Remarque. *De façon triviale, la décomposition ci-avant expliquée rend l'objectif plus contraignant. En effet, les commandes qui sont en retard au TLC ou au TSC ne seront pas nécessairement en retard pour le client. Prenons, par exemple, une commande avec $x_{TLC} = 2,5$ jours et $x_{TSC} = 1,5$ jours où x est le temps de séjour. Par conséquent, $x = x_{TLC} + x_{TSC} = 4$ jours. Cette commande est donc en retard au TLC mais n'est pas en retard par rapport à l'objectif global.*

3.3 Analyse des données industrielles

Dans le modèle qui sera présenté tout au long de ce chapitre, les données d'entrée sont pour la plupart issues de statistiques réelles, d'estimation des responsables et des employés de *Toshiba*, ou d'observations sur le terrain. Ces données réelles ont été traitées pour être, par la suite, intégrées dans le modèle d'une façon convenable. Nous présentons, dans cette section, l'analyse d'une partie de ces données. Nous nous focalisons sur les méthodes employées, mais le détail des variables modélisées et des valeurs numériques sera donné avec la description des processus modélisés dans la Section 3.5.

Certains paramètres du modèle ont été représentés sous la forme de variables aléatoires suivant des lois de probabilité ou un historique. Dans les Sections 3.3.1 et 3.3.2, nous détaillerons cette représentation appliquée à la demande en photocopieurs configurés et à la durée de processus. Mais avant cela, il faut savoir que [Law et Kelton 2000] proposent trois manières différentes de modéliser les variables aléatoires :

Historique de données Il permet d'utiliser les données de l'industriel directement. Cependant, l'utilisation d'un historique a l'inconvénient de reproduire fidèlement le passé avec ses particularités (e.g. valeurs minimum, maximum, points aberrants...). Pour une même variable, il est conseillé d'utiliser plusieurs historiques de données afin de mieux s'approcher du comportement réel du système. Généralement, l'utilisation d'un historique est considérée comme une solution de dernier recours sauf dans le cas de la validation du modèle où l'utilisation d'historiques permet de comparer le modèle et le système réel en éliminant au maximum l'écart causé par l'aléa.

Loi de probabilité théorique Cette méthode consiste à choisir et paramétrer une loi théorique pour s'approcher au mieux des valeurs que prend habituellement une variable aléatoire réelle. La détermination de cette loi est souvent réalisée en traitant un échantillon de données (historique) par un logiciel statistique tel que le module Input Analyzer d'Arena, le logiciel Expertfit ou le logiciel libre R. Cependant, certaines variables ne suivent aucune loi théorique, dans ce cas, l'analyse de l'échantillon n'aboutit pas. Les lois théoriques ont l'avantage d'avoir des caractéristiques connues et d'être souvent associées à tel ou tel phénomène. Par exemple, on utilise souvent la loi de Poisson pour modéliser des arrivées ou la loi de Weibull pour la survenue de pannes de machines. Dans un modèle, la modélisation d'un paramètre par une variable qui suit une loi théorique permet de donner un caractère stochastique au modèle, de s'éloigner un peu des particularités d'un historique de données (minimum, maximum...), de s'approcher du comportement réel du système[3] et de générer autant de valeurs que nécessaire (la durée simulée peut donc être illimitée au regard de la variable en question). Les résultats de la simulation sont généralement obtenus moyennant plusieurs réplications afin d'aboutir à des performances moyennes (voir Section 3.7.7).

Loi de probabilité empirique Déterminée par une extrapolation des points de l'échantillon, une loi empirique apporte un certain caractère stochastique mais reste très proche des valeurs de l'échantillon et notamment de ses caractéristiques exceptionnelles telles que les points aberrants. Dans un modèle, la représentation d'une variable aléatoire avec une loi empirique a l'avantage d'être toujours possible (contrairement aux lois théoriques) et de permettre de générer autant de valeurs que nécessaire (contrairement à l'utilisation d'un historique). Cependant, les lois empiriques ont l'inconvénient rester dans l'intervalle de l'échantillon sans le dépasser.

3.3.1 Modélisation de la demande

La demande réelle, dans ce cas d'étude, est variable et non planifiée à l'avance. Cela est essentiellement dû à l'environnement particulier de la configuration à la demande (CTO) où les produits sont caractérisés par leur grande diversité et où l'assemblage des produits semi-finis ne commence qu'après un passage de commande fait par le client. En outre, [Hsu et Wang 2004] affirment que la demande des produits de haute technologie est volatile et difficile à prédire. C'est le cas des photocopieurs TOSHIBA.

Pour modéliser la demande en photocopieurs configurés, un historique de commandes d'approximativement 2 mois a été utilisé. L'historique ainsi que la communication avec *l'industriel*, ont montré que l'arrivée des commandes se fait par rafales durant les jours ouvrés uniquement, mais possiblement durant les heures de fermeture de l'usine.

Dans le modèle, la génération des commandes a été séparée en deux variables aléatoires indépendantes. La première variable aléatoire est la taille de la rafale, c'est-à-dire, le nombre de commandes dans une rafale, et la seconde est l'intervalle de temps entre deux rafales successives. Pour plus d'informations sur la modélisation d'arrivées multiples telles que des rafales de commandes, voir [Law et Kelton 2000, p. 393]. En utilisant l'outil Input Analyzer (voir Section 3.7.1), les lois de probabilité auxquelles obéissent les deux variables aléatoires ont été déduites (Tableau 3.1). Ils s'agit de lois de probabilité empiriques. En effet, les données ne s'adaptent pas bien avec les lois théoriques les plus connues. Pour plus d'information sur ce choix de lois empiriques dans la représentation de la demande, voir Section 3.7.3.

La Figure 3.1 montre les courbes de demande réelle et modélisée. Nous pouvons observer que ces courbes sont assez proches.

---

[3]Encore faut il que le choix et le paramétrage de la loi soit convenable. Il n'y a pas de méthode fiable à 100% pour le faire.

Variable aléatoire	Loi de probabilité
Taille de la rafale	Empirique
Durée entre deux rafales successives	Empirique

TABLE 3.1 – Distribution de la demande (modèle)

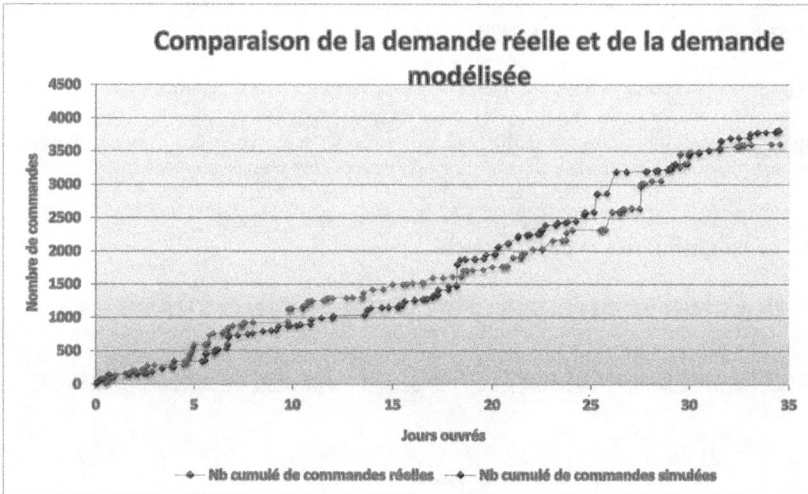

FIGURE 3.1 – Comparaison de la demande réelle et de la demande simulée

3.3.2 Durées de processus

Quand les processus sont manuels, leurs durées peuvent être difficiles à estimer en raison de la variabilité liée au facteur humain (e.g. différence entre les employés dans le rythme et dans l'exécution des processus...). De plus, de façon générale, les industriels ont souvent une estimation des durées moyennes mais ne mesurent pas la variabilité de ces durées.

En l'absence d'un échantillon de chronométrage de processus suffisant ou plus généralement d'une source de données rigoureuse sur les durées de processus, [Law et Kelton 2000, p. 386] conseillent d'utiliser la loi de probabilité triangulaire qui a l'avantage d'être assez simple à paramétrer. Elle prend trois paramètres : les valeurs minimum et maximum ainsi que la valeur la plus probable de la variable aléatoire. Sa moyenne est la moyenne des trois valeurs. Par conséquent, si la valeur la plus probable n'est pas connue, la connaissance de la moyenne suffit pour la déduire. Cette représentation a été adoptée pour les durées de processus dans nos travaux. *L'industriel* a estimé les 3 paramètres nécessaires pour la durée de chaque processus et, dans le cas où la valeur la plus probable était inconnue, il a estimé une moyenne.

Remarque. *Les estimations fournies par* l'industriel *sont d'une fiabilité relative. Si un système RFID était déjà mis en place au niveau de chaque début et fin de processus, cela aurait permis d'accéder à des données beaucoup plus précises.*

En plus de la demande et des durées de processus, plusieurs autres paramètres du modèle ont été représentés sous forme de variables aléatoires suivant des lois de probabilité (théoriques pour la plupart). Des lois continues ont parfois été utilisées pour représenter des variables discrètes. Les valeurs prises en compte sont alors les arrondis des valeurs réelles générées.

3.3.3 Agrégation des types d'articles

Les photocopieurs ainsi que leurs options peuvent être de plusieurs types, une trentaine de types pour les premiers et plus d'une centaine de types pour les seconds. A chaque type correspond une référence d'article. Afin de travailler avec des données de dimension raisonnable, nous avons décidé de réduire le nombre de références. Pour cela, il est possible de procéder de deux façons différentes :

* Tenir compte des références les plus utilisées uniquement.

* Faire un regroupement des références.

La première option a été rapidement écartée car le volume des références qui allaient être éliminées n'était pas négligeable. Ayant opté pour le regroupement des références, nous avons dû choisir les critères sur lesquels baser ce regroupement.

En ce qui concerne les photocopieurs, nous avons opté pour le temps de processus moyen au TSC. Nous obtenons 3 types (voir Figure 3.2) :

* Les photocopieurs ayant un temps de processus moyen compris entre 0,45 et 0,95 h.

* Les photocopieurs ayant un temps de processus moyen compris entre 1,52 et 2,43 h.

* Les photocopieurs ayant un temps de processus moyen compris entre 2,79 et 3,48 h.

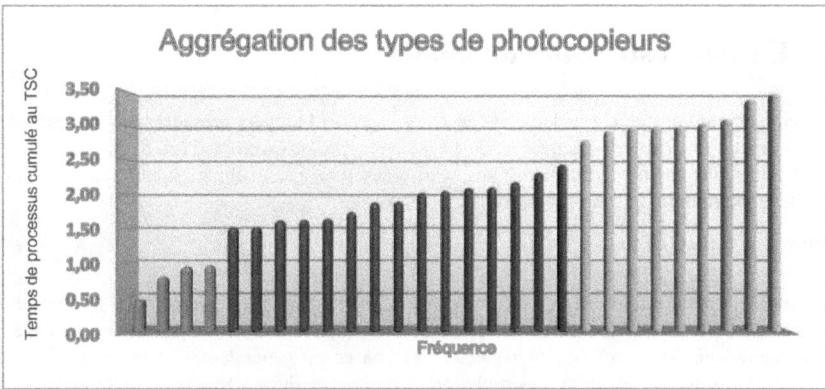

FIGURE 3.2 – Types de photocopieurs

Les options, par contre, sont regroupées par rapport à leur signification. En effet, les articles à *Toshiba* sont regroupés en plusieurs familles (A, B, C, D, E, G, Q, S). La famille A est dédiée aux photocopieurs. Chacune des autres familles regroupe plusieurs types d'options ayant en général la même fonctionnalité. Dans le modèle, au lieu de garder le regroupement des options en sept familles, nous préférerons diminuer ce nombre à trois en gardant les familles B et C et en regroupant les familles D, E, G, Q et S. Le nombre de commandes contenant ces dernières familles de produits est comparable aux nombres de commandes contenant des articles de famille B et C.

Remarque. *Les types d'articles réels sur lesquels nous nous basons pour construire cette agrégation sont issus d'échantillons de données réelles sur les commandes et sur les approvisionnements. L'industriel considère que ces échantillons contiennent tout les types d'articles possibles avec les bonnes proportions.*

3.3.4 Temps de séjour réels et temps de séjour ouvrés

Dans cette étude, nous nous sommes basés sur des données historiques pour valider le modèle. Ces historiques fournissent des dates et des durées réelles, alors que l'indicateur de performance "temps de séjour" utilisé dans l'étude, ne prend pas en compte les weekends. On désire donc extraire une durée ouvrée à partir d'une durée réelle.

Soit une durée réelle t. On supposera que la date de début arrive toujours pendant la semaine ouvrée et que la date de fin peut arriver en semaine ouvrée ou en weekend. La durée t peut être décomposée en une durée ouvrée $t_{ouvré}$ et une durée chômée liée au weekend $t_{chômé}$. Par conséquent, $t = t_{ouvré} + t_{chômé}$. Nous avons proposé une méthode pour extraire $t_{ouvré}$ d'une valeur connue de t. Le détail de la démarche est présenté en Annexe.

3.4   Entités et structure du modèle[4]

Le système de configuration à la demande de *Toshiba*, précédemment présenté dans le Chapitre 2, a fait l'objet d'une modélisation. Le modèle est développé sous Automod (cf. Section 3.7.1). Il comporte plusieurs **entités** (articles, palettes, ressources, machines, véhicules, etc.) interagissant entre elles suivant une logique bien définie.

Parmi ces entités, on trouve :

Les charges[5]   Représentent des entités physiques qui se déplacent (physiquement ou logiquement) à travers le système. Elles exécutent les instructions codées et provoquent des évènements qui changent l'état du système. Une charge est généralement éphémère, elle est créée à un instant donné de la simulation et supprimée du système quand elle a exécuté toutes les instructions qui lui sont destinées.

Dans cette étude, les articles (photocopieurs ou options de photocopieurs), les palettes composées de lots d'articles et les palettes contenant les articles des commandes[6] sont représentés par des charges.

Les charges factices   Sont en réalité des charges à part entière d'un point de vue logiciel. On les utilisera cependant pour représenter des éléments non matériels et résoudre certaines situations logiques. Dans le fonctionnement interne de certains outils de simulation, des charges factices sont utilisées pour rendre les ressources indisponibles et modéliser ainsi les pannes des machines.

Dans le modèle de cette étude, nous utiliserons par exemple des charges factices pour représenter, les commandes en tant qu'information (entité ayant des attributs comme la date de création de la commande, le nombre d'articles qui la composent, la date de sortie de l'atelier...).

---

[4]La notation **en gras** dans cette section concerne les termes introduits pour la première fois. Ces termes font partie du lexique d'Automod ou d'outils de simulation équivalents.

[5]Les charges sont appelées *loads* en anglais.

[6]Une palette contenant les articles d'une commande est une palette sur laquelle sont déposés tous les articles d'une même commande. Ces articles composeront, après assemblage, un photocopieur configuré à la demande. On notera que chaque commande représente un et un seul photocopieur configuré.

Les véhicules Sont des entités qui se déplacent physiquement d'un endroit à un autre afin de transporter des charges. Leurs déplacements suivent des chemins bien définis et leur vitesse varie de façon déterministe (vitesse nominale, accélération jusqu'à la vitesse nominale, décélération jusqu'à l'arrêt...).

Dans notre étude, les camions des fournisseurs à l'entrée du système (approvisionnement), les camions des transporteurs à la sortie du système (livraison au client) et *le mulet* (voir Section 2.5) sont naturellement modélisés comme des véhicules. Les transpalettes (outils de manutention) sont aussi modélisés par des véhicules. Ce choix est moins évident que dans le cas des camions. En effet, il était possible de représenter les transpalettes comme des ressources, ce qui est beaucoup plus simple en termes de logique et de développement que la représentation en véhicules. Cependant, nous opterons pour les véhicules essentiellement pour reproduire, de façon simple, des durées de déplacement proportionnelles aux distances parcourues.

Les ressources Sont des entités utilisées par les charges (ou parfois par les véhicules) pour effectuer une tâche. D'un point de vue logique, leur utilisation est assez simple : si une ressource est libre et demandée par une charge, la ressource change de statut et devient occupée par la charge qui l'a demandée pendant la durée prévue pour la tâche en question. Par contre, si la ressource est occupée à l'instant où la charge émet sa requête, la charge est placée dans la liste d'attente de la ressource et attend son tour pour être servie. Les ressources peuvent avoir un emploi du temps et être indisponibles durant certains intervalles de temps (e.g. heures de fermeture d'un atelier de fabrication). On notera aussi que, dans Automod, les ressources n'ont pas la possibilité de se déplacer[7]. Par ailleurs, elles ont une capacité ≥ 1[8], et une charge peut demander une (cas le plus fréquent) ou plusieurs unités de cette capacité. Dans un modèle, on représentera généralement une personne réelle par une ressource à capacité unitaire ou une unité d'une ressource à capacité multiple. Chacun de ces deux choix de représentation a des avantages et des inconvénients. L'utilisation d'une ressource à capacité multiple permet, par exemple, d'obtenir facilement des statistiques globales (e.g. taux moyen d'utilisation des ressources) tandis que les statistiques sur la variabilité des performances sont plus difficiles à obtenir (variance des taux d'utilisation, variance de la productivité, etc). Par ailleurs, les ressources à capacité unitaire permettent une représentation graphique plus claire par défaut (dans Automod). De surcroît, la difficulté de gérer certaines situations peut être fortement liée au choix de la capacité des ressources (unitaire ou multiple). Sans entrer dans le détail, nous citerons, parmi ces situations, la gestion des en-cours au moment de l'arrêt et de la reprise du travail (e.g. ouverture et fermeture de l'atelier, pauses) particulièrement en présence d'un changement de la capacité totale de production (changement du nombre de ressources à capacité unitaire ou de la capacité d'une ressource multiple). Dans ces situations, en particulier, il est plus commode d'utiliser des ressources à capacité multiple où chaque unité représente une ressource humaine. Dans cette étude, les ressources sont essentiellement humaines. Il s'agit

---

[7]Plus précisément, les ressources n'ont la possibilité de se déplacer ni de façon naturelle ni par défaut.
[8]La capacité est un nombre entier naturel.

des employés affectés aux différentes tâches logistiques et de production. Les ressources n'ayant pas de tâche productive (e.g. les gestionnaires) et les ressources extérieures au système (conducteurs des camions du fournisseur et du transporteur) ne sont pas modélisées. On notera aussi la représentation de deux machines (un diélectrimètre et une filmeuse au centre de configuration) en ressources. Le tableau 3.2 montre les ressources utilisées dans notre modèle.

Type de ressource	Nombre	Capacité unitaire ou multiple
Magasinier à l'entrée du TLC	2	multiple
Magasinier au déstockage et préparation	Variable	multiple
Chauffeur du mulet	1	multiple
Diélectrimètre	1	unitaire
Filmeuse	1	unitaire
Employé de déballage	Variable	unitaire
Employé de montage	Variable	unitaire
Employé de réparation	Variable	unitaire
Employé de saisie à la sortie du TSC et de filmage	Variable	unitaire
Employé de saisie à l'entrée du TSC	Variable	unitaire

TABLE 3.2 – Ressources utilisées dans le modèle

Les stocks[9] Sont des emplacements où les charges attendent physiquement l'exécution d'une tâche [Banks, Jerry 2004].

Dans notre étude, nous distinguerons trois types de stocks : les stocks où les articles sont placés avant d'être affectés à des commandes (e.g. dans les palettiers du centre logistique), les files d'attente en amont des ressources (file d'attente en amont du déballage, du montage, etc.) et les postes de travail où les tâches sont exécutées. On notera que, dans Automod, les charges ne peuvent pas être placées sur une ressource, elles doivent être placées dans des stocks au moment de l'utilisation des ressources.

Les listes d'attente Constituent l'une des différentes façon de gérer l'attente d'une charge dans Automod. Une charge introduite dans une liste d'attente reste physiquement à l'endroit où elle se trouvait mais n'exécutera plus d'instructions jusqu'à ce qu'une autre charge ordonne sa sortie de la liste d'attente.

Les entités ci-avant citées (ainsi que d'autres non citées) se regroupent dans des **systèmes** de plusieurs types. Il existe, par exemple, des **systèmes de véhicules**[10], des **systèmes de processus**, des **systèmes statiques**, etc. L'intérêt de cette décomposition en différents systèmes est de gérer la logique globale de façon modulaire, ce qui rend le modèle plus facile à développer et à

---

[9]Les stocks sont appelés *queues* en anglais.
[10]Systèmes de véhicules : *path mover systems* dans le vocabulaire Automod.

modifier[11].

Dans cette étude, le modèle est composé, comme le montre la Figure 3.3, d'un système de processus, de six systèmes de véhicules et de deux systèmes statiques.

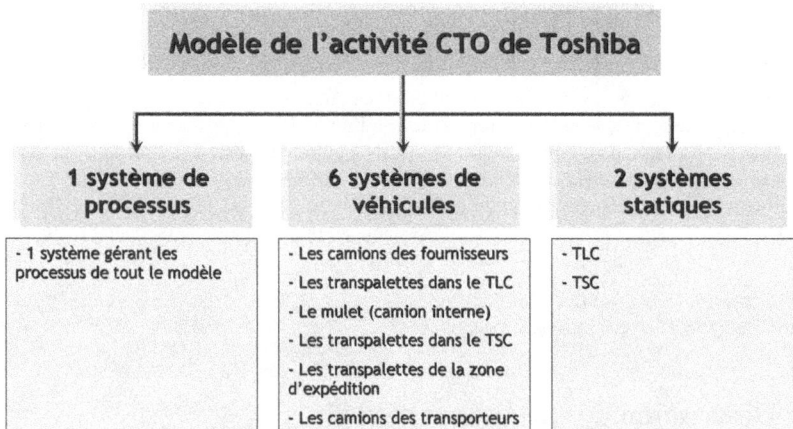

Modèle de l'activité CTO de Toshiba

1 système de processus	6 systèmes de véhicules	2 systèmes statiques
- 1 système gérant les processus de tout le modèle	- Les camions des fournisseurs - Les transpalettes dans le TLC - Le mulet (camion interne) - Les transpalettes dans le TSC - Les transpalettes de la zone d'expédition - Les camions des transporteurs	- TLC - TSC

FIGURE 3.3 – Structure du modèle de l'activité CTO de *Toshiba*

Le système de processus permet de gérer la majorité de la logique du modèle. Il contrôle particulièrement les opérations que subissent les charges (articles, palettes d'articles, commandes, etc.). En effet, dans ce type de système, les **processus**[12] sont décrits, les ressources et leurs horaires sont définies, la création, le parcours et la destruction des charges sont gérés, etc.

En ce qui concerne les systèmes de véhicules, ils peuvent être utilisés pour représenter des camions qui transportent de la marchandise, des transpalettes qui déplacent des produits d'un endroit à un autre dans une usine, ainsi que les chemins empruntées par ces véhicules et une grande partie de la logique gérant leurs déplacements. En effet, dans un système de ce type, on peut définir les véhicules et leurs caractéristiques (vitesses, capacité, graphique, nombre...), les chemins sur lesquels se déplacent les véhicules et leurs caractéristiques (sens de déplacement des véhicules, limite de vitesse...). On peut aussi définir des points de contrôle sur les chemins

---

[11]On notera que l'outil de simulation Automod impose généralement la décomposition du modèle en systèmes de plusieurs types. Cependant, pour un même type de système, l'analyste peut choisir de créer un ou plusieurs systèmes. Dans cette étude, par exemple, nous avons choisi de développer plusieurs systèmes pour représenter les transpalettes utilisées dans des zones différentes afin d'éviter des interactions inutiles.

[12]Un processus, dans notre contexte, est un ensemble d'actions (e.g. utiliser une ressource, entrer dans un stock, demander le déplacement d'un point à un autre) que doivent effectuer les charges pendant la simulation.

(control points) pour représenter, généralement, les endroits de chargement, de déchargement ou de parking des véhicules. A chacun de ces points, il est possible d'affecter une liste de travail et une liste de parking. Cela permettrait à un véhicule libre, dans le point auquel sont affectées les listes, de chercher du travail dans un autre point ou, de chercher un parking s'il n'y a pas de travail disponible. La majeure partie de la logique de déplacement des véhicules sous Automod peut donc être modélisée sans codage. L'utilisation de règles différentes de ce qui existe par défaut demande l'utilisation d'une logique plus élaborée telle que les processus et les fonctions de véhicules. Cette logique liée aux véhicules sera développée dans le système de processus.

Les systèmes statiques, quant à eux, sont utilisés pour représenter la partie graphique statique d'un modèle, comme par exemple les mûrs et le sol d'un bâtiment. Ils donnent ainsi un aspect plus réaliste et plus parlant au modèle. Par ailleurs, ils facilitent la gestion de l'échelle du dessin notamment au niveau des chemins prévus pour les déplacements des véhicules. Cependant, il convient de noter que la représentation graphique des entités du modèle telles que les charges, les stocks et les ressources ne se fait pas par un système graphique mais en associant directement une représentation graphique à l'entité lors de sa définition.

Dans cette étude, chacun des deux bâtiments TLC et TSC, précédemment présentés dans le Chapitre 2, est modélisé par un système statique.

3.5 Description des processus modélisés

Après avoir décrit les processus *réels* de façon succincte dans la Section 2.5, nous allons, dans cette section, décrire les processus *modélisés*. Ces derniers reproduisent les processus du système réel de façon simplifiée et en adoptant plusieurs hypothèses. Rappelons que l'objectif n'est pas de créer un substitut fidèle du réel mais un modèle qui permettra de répondre aux questions et aux objectifs préalablement fixés. En revanche, malgré les simplifications on s'intéresse, dans la modélisation, à certains détails logiques ou quantitatifs qui passent souvent inaperçus lors de la description d'un système réel. Certains de ces détails seront présentés dans cette section.

Par ailleurs, nous avons précédemment défini la notion de *processus* selon le jargon de l'outil de modélisation utilisé Automod (voir Section 3.4). Nous avons essayé, tout au long de ce travail de modélisation, de garder la correspondance entre les processus dans le sens d'Automod et les processus réels. Néanmoins, plusieurs raisons logiques qui ne seront pas détaillées ici ont amené à faire quelques entraves à cette correspondance. En effet, certains processus réels ont été décomposés en plusieurs processus dans le sens d'Automod. De plus, plusieurs processus modélisés comme la création des commandes, ou la création du stock initial n'existent pas en tant que tels dans le système réel. Toutefois, pour faciliter l'explication et la compréhension, nous conserverons, dans cette section, un découpage fonctionnel des processus très proche du découpage du système réel précédemment présenté dans la Section 2.5.

L'objectif de cette section est de fournir au lecteur une description modérément exhaustive du fonctionnement du modèle tout en évitant les détails de codage qui peuvent surcharger l'explication ou entraver la compréhension.

Comme précisé précédemment (Section 2.5), les processus CTO sont essentiellement répartis sur deux bâtiments, le TLC et le TSC avec un transport par camion entre les deux bâtiments. Le modèle comprend également, d'une manière très simplifiée, le processus de transport de la marchandise du fournisseur vers le TLC ainsi que le processus de transport des produits finis du TSC vers les plateformes logistiques des transporteurs. Nous expliquerons donc la modélisation des processus de configuration à la demande en commençant par l'amont du centre logistique (TLC) et en terminant par l'aval du centre de configuration (TSC).

Remarque. *Le modèle développé pour cette étude étant stochastique, la majorité des processus qui seront décrits dans cette section comporte des variables aléatoires. Les lois de probabilité auxquelles obéissent ces variables ainsi que leurs paramètres seront donnés dans cette section. Cependant, le traitement des données qui a permis de déduire ces valeurs a déjà été expliqué dans la Section 3.3 dédiée à l'analyse des données industrielles.*

3.5.1 En amont et dans le centre logistique[13]

3.5.1.1 Définition de la marchandise et approvisionnement au centre logistique

Le centre logistique reçoit des livraisons de marchandise, trois fois par jour à des heures bien définies (8h, 11h, 13h). Pour ce faire, avant chaque livraison, la marchandise est d'abord créée chez le fournisseur sous forme de palettes (*charges*) représentant chacune un lot d'articles (voir Figure 3.4). Le nombre de palettes (40 ± 5) est choisi suivant une loi uniforme. Pour chaque palette créée, un tirage aléatoire est effectué afin de lui affecter un type d'articles. Les proportions utilisées dans le tirage aléatoire sont données dans le tableau 3.3. Pour plus de renseignements sur les types d'articles, voir la Section 3.3.3.

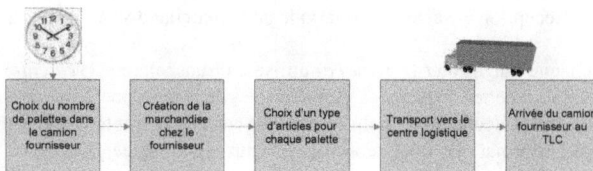

FIGURE 3.4 – Création d'une marchandise et approvisionnement au centre logistique

Après leur création, les palettes sont chargées dans un camion (*véhicule*) et transportées au centre logistique de *Toshiba*. On notera que les ressources humaines participant à ce processus (chargement et conduite du camion) ainsi que les outils utilisés, probablement des transpalettes, ne sont pas modélisés car extérieurs à *Toshiba*.

---

[13]Dans cette section, plusieurs éléments liés à l'outil de modélisation Automod seront en italique. Ces éléments ont déjà été présentés dans la Section 3.4.

Type d'article (en lot)	Proportion
MFP 1	78,5 %
MFP 2	14,8 %
MFP 3	2,0 %
Option 1	1,3 %
Option 2	2,9 %
Option 3	0,5 %

TABLE 3.3 – Composition de la marchandise approvisionnée en types d'articles

3.5.1.2 Réception et saisie informatique de la marchandise à l'entrée du centre logistique

L'arrivée d'un camion de fournisseur au TLC déclenche un processus de déchargement (voir Figure 3.5).

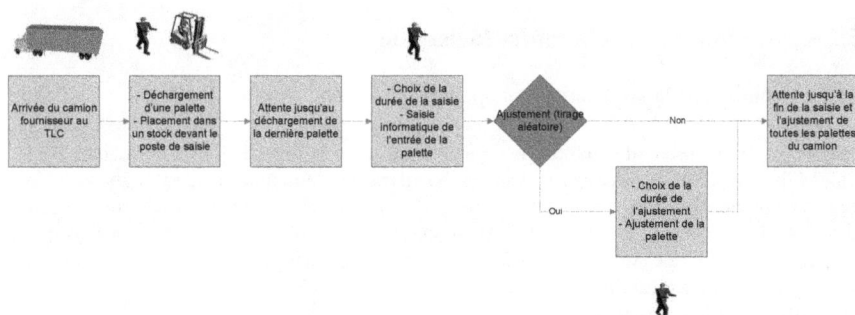

FIGURE 3.5 – Réception et saisie informatique de la marchandise à l'entrée du TLC

Pour ce faire, chaque magasinier (*ressource*) utilise un transpalette[14] (*véhicule*) et décharge une palette à la fois. Les palettes déchargées sont déposées dans une zone de réception (*stock*) au centre logistique. Quand le déchargement du camion est complètement terminé, les magasiniers effectuent une saisie informatique pour renseigner l'entrée de chaque palette. La durée de la saisie est de 9 sec $+$ $x_{weibull}$ par palette, $x_{weibull}$ étant une durée qui suit une distribution de weibull de paramètres 0,563 et 111 sec. Ensuite, si besoin est, les magasiniers ajustent la palette pendant 1 min. Le choix d'ajuster ou non une palette est fait en se basant sur un tirage aléatoire avec un taux de 20% de palettes à ajuster. Le prochain processus (stockage) ne se déclenchera que lorsque la saisie informatique de toute la marchandise est complètement terminée. En terme de ressources humaines, les magasiniers qui exécutent ces tâches sont au nombre de deux et sont dédiés à la réception et au stockage. Ils ne peuvent donc pas effectuer d'autres activités.

---

[14]On notera, qu'en réalité, en termes de codage, ce n'est pas le magasinier qui utilise le transpalette mais la palette qui utilise et l'employé et le transpalette.

3.5.1.3 Stockage

Le stockage se fait dans des palettiers constitués d'alvéoles (voir Figure 3.6). Dans le modèle, chaque alvéole est représentée par un *stock* ayant une capacité de 6 palettes. L'ensemble des palettiers est représenté par une matrice de *stocks* de dimensions 9 couloirs × 16 colonnes en largeur × 5 niveaux de hauteur.

FIGURE 3.6 – Stockage en palettiers dans le système réel de *Toshiba*

Le processus de stockage commence après la réception et la saisie informatique de toutes les palettes arrivées dans un même camion. Il se fait palette par palette. Cela débute par le choix de l'alvéole où sera stockée la palette (voir Figure 3.7). Une alvéole est choisie au hasard et si elle est complètement remplie, les alvéoles voisines sont parcourues jusqu'à trouver une place pour la palette. Ensuite, un magasinier s'occupe de transporter la palette, à l'aide d'un transpalette, vers l'alvéole de stockage. Si l'alvéole est au sol, la palette est transformée en *n* articles (*charges*). *n* étant égal au nombre d'articles par lot préalablement défini pour le type d'articles en question (voir Tableau 3.4).

Type d'article	Nombre d'articles par lot
MFP 1	7
MFP 2	1
MFP 3	1
Option 1	16
Option 2	23
Option 3	117

TABLE 3.4 – Nombre d'articles par lot suivant les types d'articles

En revanche, si l'alvéole est en hauteur, la palette est stockée sans transformation. Après l'entrée physique des produits dans les stocks, ils entrent également dans des *listes d'attentes* afin de gérer facilement la politique de consommation de stocks "premier arrivé premier servi".

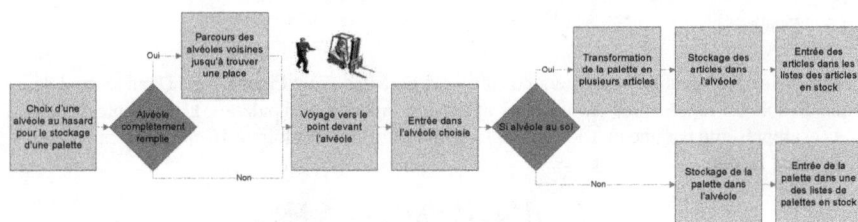

FIGURE 3.7 – Stockage de la marchandise approvisionnée

Nous rappelons que les magasiniers (*ressources*) utilisés lors du stockage sont ceux qui ont été utilisés pendant la réception et la saisie de la marchandise.

3.5.1.4 Création des commandes des clients

La génération des commandes se fait par rafale. Cette grandeur est décomposée en deux variables aléatoires, une variable exprimant la taille de la rafale et une autre relative à la durée entre deux rafales successives (voir Section 3.3.1). Par conséquent, pour chaque rafale, un nombre de commandes est d'abord choisi (voir Figure 3.8). Ce nombre suit une loi empirique. Ensuite, la durée qui sépare la rafale en question de la rafale suivante est choisie suivant une loi empirique également. Donc, après une attente équivalente à cette durée, le processus est répété pour créer une nouvelle rafale de commandes. Et cela continuera ainsi jusqu'à la fin de la simulation.

Pour chaque rafale, le contenu est défini comme suit. Après le choix de la taille de la rafale, les commandes (*charges factices*) sont créées. Un identifiant numérique est donné à chaque commande, et la date de création est mémorisée.

La commande devant nécessairement contenir un photocopieur, un type de MFP[15] est choisi parmi les trois types agrégés présentés dans la Section 3.3.3. Le choix se fait par tirage aléatoire, en respectant les proportions données dans le Tableau 3.5.

Type de photocopieur	Proportion
MFP 1	6 %
MFP 2	72 %
MFP 3	22 %

TABLE 3.5 – Composition de la demande suivant les types de photocopieurs

En ce qui concerne les options de la commande, un nombre d'options tous types confondus est d'abord choisi. Ce nombre dépend du type, préalablement déterminé, du MFP de la com-

---

[15] *Multi Functional Product* ou plus simplement *photocopieur*.

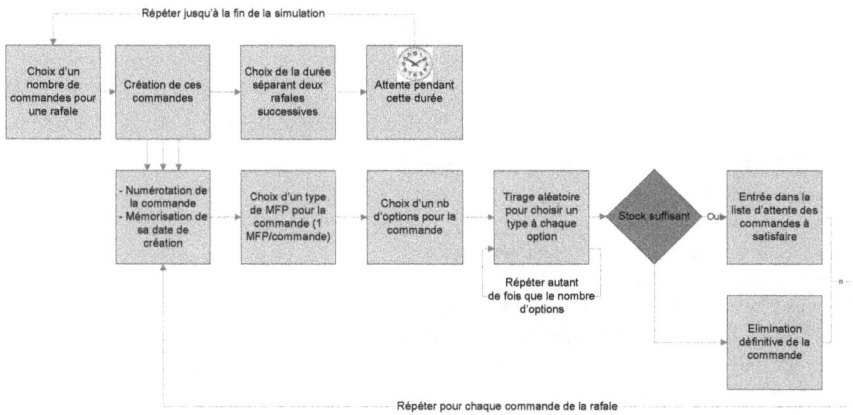

FIGURE 3.8 – Création des commandes

mande. Le Tableau 3.6 montre les distributions suivies par le nombre d'options d'une commande donnée.

Type de photocopieur	Loi de probabilité suivie par le nombre d'options d'une commande
MFP 1	triangulaire($-0,5$ 2,0 12,5)
MFP 2	-0.5 + weibull(3,55 10,3)
MFP 3	0.5 + gamma(10,5 1,1)

TABLE 3.6 – Nombre d'options dans une commande

Après le choix de ce dernier, un type est choisi pour chaque option. Cela est fait par un tirage aléatoire respectant les proportions présentées dans le Tableau 3.7. On notera que les proportions des types d'options, comme le nombre d'options, dépendent du type de MFP de la commande. Cela exprime le lien qui existe entre un photocopieur et les options possibles ou généralement commandées avec le photocopieur en question.

Après la création d'une commande et le choix des articles (photocopieur et options) qu'elle contient, le stock est testé pour savoir s'il peut satisfaire la commande. Si tel est le cas, la commande entre dans la liste d'attente des commandes à traiter. Sinon, en cas de rupture de stock, la commande est définitivement éliminée. Néanmoins, les ruptures de stock sont exceptionnelles et tracées pendant la simulation. Leur caractère exceptionnel est fortement lié au stock initial important, aux approvisionnements ainsi qu'à l'agrégation des types d'articles.

		Type d'option		
		Option 1	Option 2	Option 3
Type de photocopieur	MFP 1	23	34	43
	MFP 2	6,5	41	52,5
	MFP 3	10	49	41

TABLE 3.7 – Probabilités de chaque type d'option sachant le type de photocopieur dans une commande donnée

3.5.1.5 Création des tournées de déstockage

Pour rappel, le déstockage des articles constituant les commandes se fait par tournée de déstockage. Chaque tournée étant composée de plusieurs commandes. La démarche est simplifiée dans le modèle et est essentiellement basée sur des flux d'information. La Figure 3.9 montre les différentes étapes du processus.

Les tournées sont créées une par une. Au début de la simulation, la première tournée (*charge factice*) est créée et mise en attente s'il n'y a pas de commandes à traiter. Si, au contraire, la liste des commandes à traiter n'est pas vide, alors un nombre de commandes est choisi pour la tournée de déstockage. Ce nombre est sélectionné, de façon uniforme, entre 1 et 12, puis ajusté si la liste des commandes à traiter ne suffit pas à satisfaire toute la tournée. Ensuite, un identifiant numérique est donné à la tournée et l'ordre de transférer le nombre prévu de commandes à traiter vers une liste dédiée aux commandes de la tournée en question est donné.

La visibilité entre la tournée, les commandes et les articles n'étant établie de façon ni automatique ni symétrique, l'identité de la tournée doit être mémorisée dans un des attributs de chaque commande. De même, les nombres d'articles de chaque type sont calculés puis mémorisés dans les attributs de la tournée.

Même si le stock est suffisant pour satisfaire toutes les commandes (voir Section 3.5.1.4), seuls les articles stockés dans les alvéoles au sol peuvent être déstockés. Les autres articles doivent subir un processus de rempotage au préalable. Par conséquent, un test est effectué pour évaluer la possibilité de déstocker tous les articles de la tournée. Le cas échéant, le processus de rempotage (détaillé dans la Section 3.5.1.8) est déclenché.

Les articles de la tournée, jusque là en attente dans des listes liées au stock, sont transférés vers une liste d'attente dédiée aux articles de la tournée. Enfin, les articles de la tournées sont envoyés au processus de déstockage et la tournée est archivée pour des raisons de traçabilité. Une nouvelle tournée est créée à la fin de ce processus et suivra les mêmes étapes que la tournée la précédant.

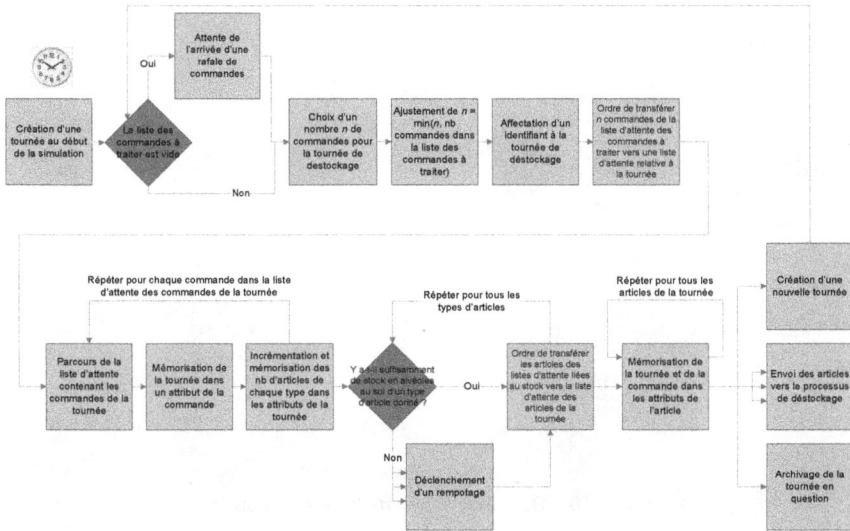

FIGURE 3.9 – Création des tournées de déstockage

3.5.1.6 Déstockage des articles d'une tournée

Si certains articles d'une tournée donnée ne peuvent être déstockés à cause de leur emplacement en hauteur, le processus de rempotage est déclenché (voir Figure 3.10). Quand les articles sont disponibles, leur déstockage se fait en utilisant un transpalette et une ressource à partir de l'adresse de stockage, vers la zone de préparation. Si le déstockage de certains articles vide l'adresse de stockage, le processus de rempotage est déclenché également.

Dans le processus réel, les articles d'une même commande doivent rester regroupés à partir de leur entrée dans la zone de préparation. Pour cette raison, dans le modèle, les articles de la catégorie "options" disparaissent dès leur entrée dans la zone de préparation tandis que les articles de la catégorie "photocopieurs (MFPs)" devront représenter dorénavant des commandes entières[16].

---

[16]A partir de ce point, les mots *commande*, *palette* et *photocopieur* sont équivalents.

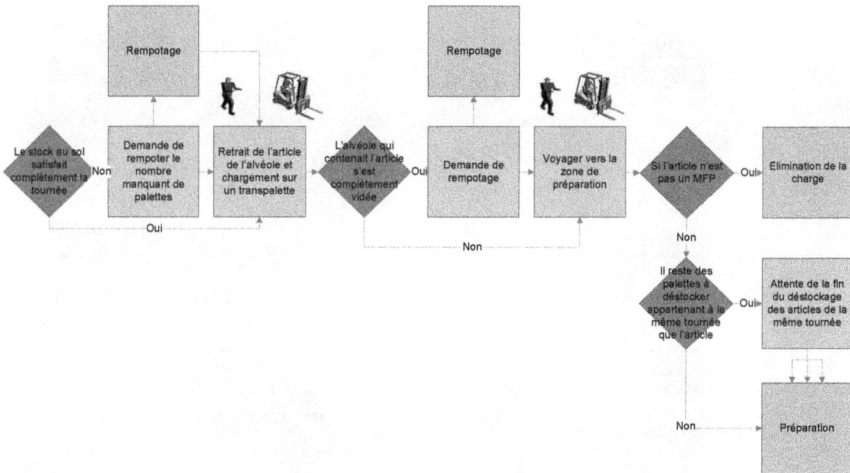

FIGURE 3.10 – Déstockage des articles d'une tournée

3.5.1.7 Préparation des commandes et transfert au centre de configuration

Après le déstockage complet des articles d'une tournée entière, le processus de préparation peut commencer. Il consiste en l'utilisation d'un magasinier pendant une durée de 5 min (voir Figure 3.11). Pour établir le changement d'unité de flux énoncé dans la section précédente, un nouveau statut est accordé aux MFPs qui représentent maintenant des commandes entières.

Après la préparation, une tournée unique de palettes peut être chargée dans le mulet (*véhicule*). Par conséquent, si le mulet est à quai et vide, une palette quelconque en attente peut être chargée. Ensuite, ne sont autorisées à être chargées que les palettes de la même tournée. Les autres palettes devront attendre la prochaine arrivée du mulet. En ce qui concerne le mulet, il ne partira pas tant qu'il ne contient pas toutes les palettes de la tournée. Le chargement est fait par le conducteur (*ressource*) du mulet et à l'aide de son transpalette. Après le chargement, le mulet se dirige vers le centre de configuration.

3.5.1.8 Le rempotage

Le rempotage d'une palette consiste en son déplacement à partir de son adresse de stockage en hauteur vers une adresse de stockage au sol (voir Figure 3.12). Ce déplacement est effectué par un magasinier et à l'aide d'un outil de manutention (*vehicule*). A l'entrée de la palette dans la nouvelle adresse de stockage, elle est transformée en articles de la même façon que précé-

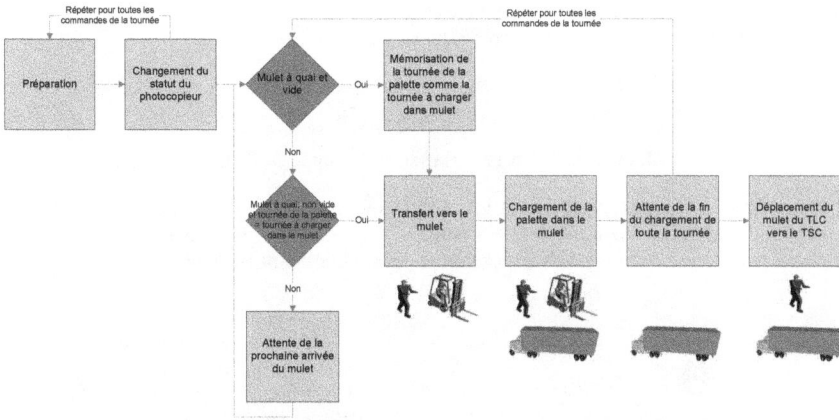

FIGURE 3.11 – Préparation des commandes et transfert vers le TSC

demment dans la Section 3.5.1.3. Les ressources utilisées pour le rempotage, le déstockage et la préparation des commandes ont un nombre qui varie quotidiennement de façon proportionnelle au nombre de commandes à faire.

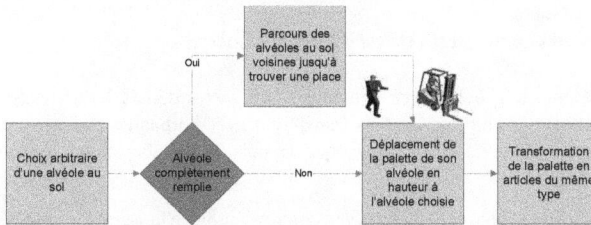

FIGURE 3.12 – Processus de rempotage

3.5.2 Dans le centre de configuration

3.5.2.1 Arrivée des commandes préparées du TLC et saisie de leur entrée au TSC

Quand le mulet arrive au centre de configuration, les palettes représentant des commandes préparées sont déchargées une par une, et déposées dans un stock proche du quai de déchargement (voir Figure 3.13). Un employé dédié à la saisie (*ressource*) transporte chaque commande vers

115

son poste de saisie (*stock*), à l'aide de son transpalette, afin de saisir l'entrée de la commande au TSC. L'opération a une durée variable (voir Tableau 3.8).

Processus	Durée du processus (en secondes)
Préparation	triangulaire (239 299 359)

TABLE 3.8 – Durée de la saisie à l'entrée du TSC

Durant la saisie, le transpalette reste à sa place pour attendre la palette et éviter un déplacement à vide inutile. La saisie terminée, l'employé déplace la palette vers la file d'attente du déballage. Notez que chaque employé du centre de configuration possède un transpalette qui lui est dédié.

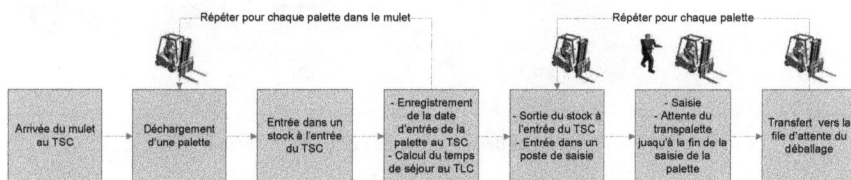

FIGURE 3.13 – Arrivée des commandes au TSC et saisie informatique

3.5.2.2 Déballage des commandes et test du diélectrimètre

La Figure 3.14 présente le processus de déballage. Les postes dédiés à l'activité (*stocks*) sont disposés en parallèle et des employés dédiés transfèrent les commandes une par une, avec leurs transpalettes, de la file d'attente à leur poste pour les déballer pendant une durée variable (voir Tableau 3.9).

Après le déballage de la commande, le même employé déplace la palette vers le diélectrimètre pour effectuer un test du photocopieur (durée variable, voir Tableau 3.9) puis vers la file d'attente du montage.

Processus	Durée du processus (en secondes)
Déballage	triangulaire (1704 2304 2904)
Test du diélectrimètre	normal (300 60)

TABLE 3.9 – Durée du processus de déballage et du test du diélectrimètre

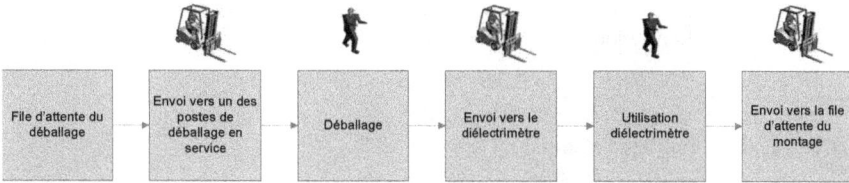

FIGURE 3.14 – Déballage des commandes et test du diélectrimètre

3.5.2.3 Montage des options sur les photocopieurs et réparation

Le montage se fait de la même manière que le déballage (voir Figure 3.15). Un employé de montage (*ressource*) transfère une commande de la file d'attente du montage vers son poste de travail, effectue le montage pendant une durée variable (voir Tableau 3.10) puis déplace la palette vers le poste de réparation ou le poste de saisie suivant le résultat d'un tirage aléatoire. Le taux de commandes à réparer est estimé à 5% et la durée de réparation est variable (voir Tableau 3.11). Notez que dans le cas d'une réparation, il est nécessaire d'utiliser la *ressource* "réparateur" et que ce dernier déplacera la palette, à l'aide de son transpalette, vers le poste de saisie à la fin de la réparation.

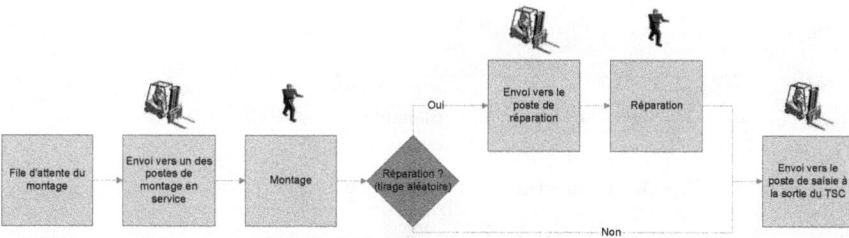

FIGURE 3.15 – Montage des options sur les photocopieurs et réparation

Processus	Durée du processus (en secondes)
Montage	triangulaire (3216 3516 4716)

TABLE 3.10 – Durée du processus de montage

Processus	Durée du processus (en secondes)
Réparation	triangulaire (300 3300 7200)

TABLE 3.11 – Durée du processus de réparation

3.5.2.4 Saisie informatique et filmage à la sortie du TSC

La saisie informatique à la sortie du TSC est faite par un employé de saisie (*ressource*) sans déplacer la palette du stock où elle est déposée. Comme pour les autres opérations, la durée est variable (voir Tableau 3.12). Après la saisie, la palette est filmée par une machine de filmage (avec une durée variable, voir Tableau 3.12) puis placée dans la zone d'expédition par l'employé de saisie. L'heure de sortie de la commande du TSC et son temps de séjour au TSC sont mémorisés à cet instant.

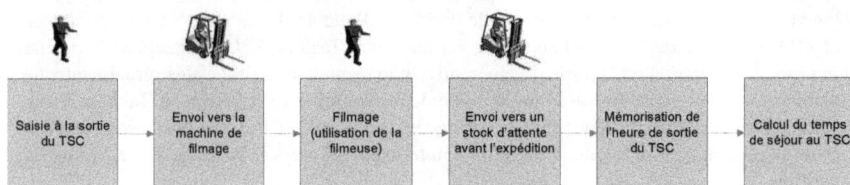

FIGURE 3.16 – Saisie et filmage

Processus	Durée du processus (en secondes)
Saisie à la sortie du TSC	triangulaire (660 720 780)
Filmage	normal (90 15)

TABLE 3.12 – Durée des processus de saisie et de filmage à la sortie du TSC

3.5.2.5 Expédition vers les plateformes logistiques

La zone d'expédition est constituée d'un emplacement (*stock*) où sont stockées les palettes à la sortie du TSC, et de quatre autres emplacements où sont déposées les palettes prêtes à être chargées dans les camions des transporteurs. Les palettes qui y sont stockées seront chargées dans un même camion. La Figure 3.17 décrit le processus.

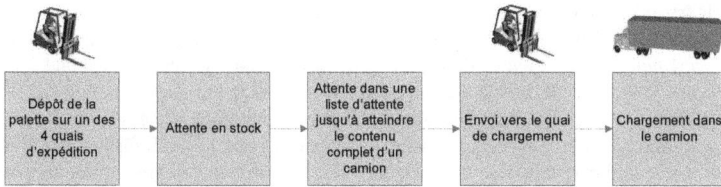

FIGURE 3.17 – Expédition des commandes vers les plateformes logistiques

3.6 Dimensionnement et affectation des ressources au TSC

La demande en photocopieurs configurés est variable et doit être satisfaite avec des délais assez courts. D'un autre côté, le taux d'utilisation des ressources humaines dédiées à l'activité CTO ne doit être ni trop élevé ni trop bas. Pour répondre à ces contraintes, *l'industriel* a choisi d'avoir un nombre de ressources variable qui suit au mieux la variation du travail à faire au TSC. Néanmoins, pour des raisons de stabilité, de prévision et de disponibilité des ressources, certaines contraintes sont prises en compte durant le calcul du nombre de ressources nécessaires. Elles seront expliquées ci-après.

Par ailleurs, le travail au TSC est généralement organisé en deux-huit, ce qui veut dire que deux équipes d'employés se relaient durant une journée ouvrée. La plage horaire relative à chaque équipe est appelée *un quart*.

Chaque jour, un calcul du nombre de ressources humaines par quart et par activité est réalisé. Ce calcul se fait en deux étapes. Une première étape calcule le nombre de ressources total, c'est-à-dire le nombre de ressources cumulées sur l'ensemble des activités. Une deuxième étape effectue la répartition de ces ressources sur l'ensemble des activités. Le calcul est répété quotidiennement, et les deux quarts de chaque journée sont contraints à recevoir un nombre de ressources identiques.

Le calcul du nombre total de ressources sur une journée se base sur une évaluation mensualisée du besoin et une évaluation mise à jour quotidiennement. L'évaluation mensuelle définie le nombre de ressources par quart en fonction de la demande prévisionnelle du mois à venir et des commandes non satisfaites du mois précédent. Elle suppose une répartition régulière de la charge tout au long du mois, et donc l'utilisation d'un nombre de ressources identique jour après jour. L'évaluation quotidienne actualise cette estimation en tenant compte des commandes réalisées et en attente. Les modes de calcul de ces deux estimations sont précisés dans les sous-sections 3.6.1 et 3.6.2.

Dans un souci de planification et afin de limiter les oscillations, le résultat de l'évaluation mensuelle est privilégié tant que l'écart entre les deux méthodes de calcul ne dépasse pas un certain seuil. En effet, il est toujours plus pratique et plus agréable pour les employés de connaitre, à l'avance, leurs jours ouvrés ou leur affectation à d'autres activités. Plus précisément, si le ratio entre le nombre total de ressources donné par les évaluations mensuelle et quotidienne est inférieur à *seuil min* $= 90\%$, l'évaluation quotidienne est choisie. Ce cas correspond à une situation avec une surcharge de travail par rapport à l'estimation initiale. De même, si le ratio dépasse *seuil max* $= 150\%$, l'évaluation quotidienne est sélectionnée. Ce cas correspond à une sous-charge. Enfin, quand le nombre de ressources finalement obtenu est inférieur à 6, le travail en attente est considéré trop faible et on préférera attendre l'arrivée de commandes supplémentaires : l'atelier sera fermé ce jour là.

Une fois le nombre total de ressources humaines connu, une affectation activité par activité est réalisée (dans le cas où il est non nul bien sûr). Le détail de cette affectation est donné dans la sous-section 3.6.2.1. Rappelons que les 5 activités considérées sont : la saisie informatique à l'entrée et à la sortie du bâtiment, le déballage, le montage et la réparation.

Le schéma général du calcul est décrit dans la figure 3.18.

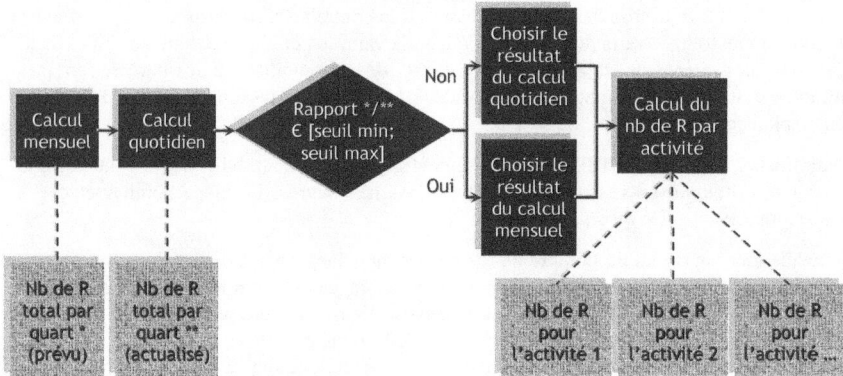

FIGURE 3.18 – Etapes du dimensionnement et de l'affectation dynamiques des ressources au TSC

3.6.1 Estimation mensuelle

L'estimation mensuelle se base sur les données suivantes :

* T : nombre de jours de l'horizon de temps considéré (un mois),

* r_{tot}^{max} : nombre maximal de ressources humaines à affecter au TSC sur un quart,

* d_{prod} : charge de travail induite par la réalisation d'une commande pour les ressources humaines (en heures),

* d_{quart} : temps de travail disponible dans un quart (en heures).

* dem_{tot} : demande prévisionnelle sur l'horizon de temps (en nombre de commandes),

* dem_{init} : demande en attente au début de l'horizon de temps (en nombre de commandes),

Notons $r_{tot}^{mensuel}$ le nombre de ressources total par quart à estimer. Numériquement, T varie entre 20 et 23 jours, $r_{tot}^{max} = 20$, $d_{prod} = 1,89$ heures et $d_{quart} = 7,25$ heures. Les autres données, dem_{tot} et dem_{init}, sont fournies par la simulation.

Le nombre de commandes que l'on cherche à satisfaire dans le mois est $dem_{init} + dem_{tot}$, soit une charge de travail de $d_{prod} \times (dem_{init} + dem_{tot})$. La capacité par ressource sur le mois est $d_{quart} \times 2 \times T$, le mois étant composé de 2 quarts par jours pendant T jours. Sachant que le nombre de ressources ne peut dépasser r_{tot}^{max}, l'estimation est donnée par :

$$r_{tot}^{mensuel} = \min(r_{tot}^{max}, \frac{d_{prod} \times (dem_{init} + dem_{tot})}{d_{quart} \times 2 \times T}) \tag{3.1}$$

Précisons bien que $r_{tot}^{mensuel}$ représente le nombre total de ressources attribuées à chaque quart, pour le mode de calcul mensualisé.

3.6.2 Estimation quotidienne

Pour l'estimation quotidienne, pour un jour t, des données supplémentaires, liées à la réalisation des commandes depuis le début de l'horizon, sont utilisées :

* $prod_{t-1}$: production cumulée réalisée depuis le début de l'horizon de temps jusqu'au soir du jour $t-1$ ($prod_0 = 0$),

* $r_{tot}^{max}(t)$: nombre de ressources disponibles le jour t.

La donnée $prod_t$ est issue de la simulation des t premiers jours. La donnée $r_{tot}^{max}(t)$ est obtenue en considérant chacune des r_{tot}^{max} ressources et en affectant une probabilité de 14% d'absence, pour raison d'évènement imprévu (maladie...) ou de vacances programmées.

Le résultat de l'estimation est noté r_{tot}^{actu}.

La première étape consiste à évaluer l'écart entre ce qui a été produit et ce qui aurait du être produit selon les principes de l'évaluation mensuelle, c'est-à-dire : en supposant la planification de $r_{tot}^{mensuel}$ ressources à chaque quart et en supposant une répartition équitable de la couverture de la demande $dem_{init} + dem_{tot}$ chaque jour. En notant dem_{init}^t cet écart, on obtient :

$$dem_{init}^t = prod_{t-1} - \min(\frac{(dem_{init} + dem_{tot}) \times (t-1)}{T}, \frac{r_{tot}^{mensuel} \times (t-1) \times 2 \times d_{quart}}{d_{prod}}) \qquad (3.2)$$

Dans cette équation, les deux termes fractionnaires correspondent respectivement à la demande supposée couverte si les ressources sont suffisantes et à la demande couverte par les ressources disponibles dans le cas contraire.

L'écart dem_{init}^t a plusieurs causes. D'une part, le nombre de commandes simulé ne sera pas identique au prévisionnel dem_{tot}, même si le choix des mêmes données réelles pour paramétrer les lois de probabilité suivies par le nombre prévisionnel de commandes par mois et les rafales de commandes nous garantit une certaine cohérence entre les valeurs. D'autre part, les interactions complexes et multiples entre les commandes et les ressources ainsi que de l'enchaînement des différentes étapes d'activité et d'attente au cours du cycle de vie d'une commande font que le nombre exact de commandes réalisées n'est pas le résultat d'une simple multiplication du nombre de ressources disponibles par le temps de réalisation d'une commande. Enfin, le calcul mensuel est fait sans tenir compte des absences éventuelles, qui empêcheront éventuellement de réaliser les objectifs prévus.

Le calcul de r_{tot}^{actu} revient ensuite à modifier le nombre de ressources proposé par l'estimation mensuelle, en cherchant à absorber l'écart dem_{init}^t sur les 3 prochains jours :

$$r_{tot}^{actu} = \min(r_{tot}^{mensuel} + \frac{dem_{init}^t \times d_{prod}}{d_{quart} \times 2 \times 3}, r_{tot}^{max}(t)) \qquad (3.3)$$

Dans cette équation, le terme fractionnaire indique le nombre de ressources nécessitées (ou pouvant être économisées) pour l'assemblage des dem_{init}^t commandes sur les 3 prochains jours. Le minimum entre le nombre de ressources calculées et $r_{tot}^{max}(t)$ est choisi pour tenir compte du nombre de personnes disponibles le jour t.

Comme indiqué précédemment le nombre de ressources r_{tot} finalement retenues pour le jour t est donné par l'algorithme 1.

3.6.2.1 Répartition par activité

Après le calcul d'un nombre de ressources humaines total au TSC, les ressources doivent être affectées aux différentes tâches, précédemment évoquées, de façon à aboutir à une ligne d'assemblage équilibrée (sauf cas de fermeture de l'atelier). Pour ce faire, *l'industriel* définit les relations qui régissent cette affectation en se basant sur son expérience.

Quand l'atelier est ouvert, les règles suivantes sont suivies :

Algorithm 1 Calcul du nombre total de ressources le jour t

1: $r_{tot} \leftarrow r_{tot}^{mensuel}$

2: **if** $\frac{r_{tot}^{mensuel}}{r_{tot}^{actu}} \leq 0,9$ ou $\frac{r_{tot}^{mensuel}}{r_{tot}^{actu}} \geq 1,5$ **then**

3: $\quad r_{tot} \leftarrow r_{tot}^{actu}$

4: **end if**

5: **if** $r_{tot} \leq 6$ **then**

6: $\quad r_{tot} \leftarrow 0$

7: **end if**

---

* un employé unique exécute la saisie informatique à l'entrée du bâtiment,

* un employé unique est affecté au niveau du processus de réparation,

* la saisie informatique à la sortie du bâtiment est accomplie par un seul employé si le travail prévu ne dépasse pas un seuil de 13 employés ($r_{tot} \leq 13$), sinon deux.

Précisons que ce seuil de 13 employés était initialement plutôt exprimé par *l'industriel* en nombre de commandes à faire.

Une fois les trois activités ci-dessus pourvues, les ressources restantes sont affectées aux deux autres tâches : le déballage et l'assemblage. En notant r_{reste} ce nombre de ressources, la répartition est faite ainsi :

* ressources affectées à l'assemblage : $2 \times \lfloor \frac{r_{reste}}{3} \rfloor$,

* ressources affectées au déballage : $r_{reste} - 2 \times \lfloor \frac{r_{reste}}{3} \rfloor$.

3.7 Mise en œuvre de la simulation

3.7.1 Les outils d'analyse et de modélisation utilisés

L'outil de modélisation et de simulation choisi pour cette étude est Automod (version 11.2). Il s'agit d'un logiciel de simulation à évènements discrets qui permet de modéliser et de simuler des flux industriels. Il combine un outil de dessin *CAD-like* et un puissant langage permettant de modéliser une logique de contrôle et des flux matériels [Rohrer 1994].

En ce qui concerne l'analyse des données réelles et leur mise en forme, nous avons utilisé un module du logiciel de simulation Arena [Kelton et al. 2007] appelé *Input Analyzer* [Swets et Drake 2001] ainsi que le tableur Excel. Ce dernier, de part ses fonctionnalités variées (filtres, tableaux croisés dynamiques, macros...) et sa grande flexibilité, a servi à transformer les données fournies par *l'industriel* en des données facilement exploitables pour nos besoins. Par ailleurs, le module *Input Analyzer* nous a permis de déterminer, à partir d'échantillons de données, les lois de probabilités suivies par les différentes variables (e.g. demande) ainsi que leurs paramètres. Ces différentes lois de probabilités ont été utilisées comme paramètres d'entrée du modèle (voir Chapitre 3).

Pourquoi avons nous choisi Automod comme outil de simulation ?

[Law et Kelton 2000, p. 203] affirment que le choix d'un logiciel lors d'une étude de simulation est une décision très importante. [Schriber et Brunner 2008, p.4] en recensent au moins une quarantaine pour la simulation à évènements discrets. Comme expliqué précédemment, notre choix s'est porté sur Automod. Un de ses points forts est la visualisation réaliste [LeBaron et Jacobsen 2007] et en 3D d'animations liées au déroulement de la simulation, chose qui permet de mieux comprendre et communiquer des idées et des alternatives. Elle permet aussi de voir aisément une partie importante des disfonctionnements du modèle afin d'apporter les corrections nécessaires durant la phase de développement.

Un second point fort de cet outil, de notre point de vue, est son langage de programmation facile à appréhender grâce à un lexique et une grammaire proche du langage courant (voir Figure 3.19).

```
1707 begin P_Preparation arriving procedure
1708     get R_Magasinier(2)
1709     set V_Duree(3) to F_LectureLoiDeProba(V_OffsetLoiTpsPrepa,
1710                                             stream7,
1711                                             V_LoiProbaTpsPrepa,
1712                                             V_Param1LoiTpsPrepa,
1713                                             V_Param2LoiTpsPrepa,
1714                                             V_Param3LoiTpsPrepa) sec
1715     wait for V_Duree(3)
1716     free R_Magasinier(2)
1717     set load type to L_palletPhotocopieur
1718     tabulate (ac - LA_MaCommande LA_DateCreationCommand)/3600.0 in T_LeadTimeAuTLCCourt
1719     send to P_EnvoiAuTSC
1720 end
1721
```

FIGURE 3.19 – Exemple de code Automod

Pour conclure, les caractéristiques d'Automod ainsi que sa disponibilité dans le centre de recherche où a lieu cette étude, nous ont poussés à choisir cet outil pour développer le modèle et effectuer la simulation.

3.7.2 Développement du modèle

Le développement du modèle de simulation est similaire à une étape de développement classique dans un projet informatique. Sans trop détailler, nous citons certains points pratiques du modèle développé :

* Les paramètres d'entrée sont renseignés par des fichiers externes ; cela donne la possibilité de développer une interface graphique pour l'utilisateur de façon simple ;

* Les données de sortie du modèle sont sauvegardées dans des fichiers externes ;

* Des scénarios gérés par l'introduction de variables pour simplifier l'expérimentation, faciliter les développement et modifications futurs, et réduire la possibilité d'erreur ou d'incohérence entre les différents scénarios.

3.7.3 Vérification du modèle

La vérification du modèle est une étape importante dans une étude de simulation. Elle permet de s'assurer que le programme informatique développé fonctionne correctement et comme prévu lors de sa conceptualisation (voir section 2.7.5.6). Dans notre étude, des vérifications ont été effectuées à plusieurs reprises en parallèle avec le développement du modèle.

Vérification des données d'entrée Les données provenant de différentes sources (base de données, gestionnaires, employés...), sous plusieurs formats (oral, documents, fichiers Excel...) et fournies à des dates différentes ont parfois été entachées d'incohérence. Des vérifications répétitives, un croisement des informations, et une communication soutenue avec *l'industriel* ont permis d'apporter les corrections nécessaires. Comme exemple à l'incohérence, les durées de processus initialement fournies étaient en réalité des temps de production qui intégraient des durées non travaillées[17]. Un second exemple à l'incohérence, concerne la variabilité du nombre quotidien de ressources humaines. En effet, au début, des moyennes ont été fournies sans évoquer le caractère variable de ce nombre. Cependant, la variabilité des volumes de production quotidiens constatée lors d'une vérification des données sur les performances du système réels, a permis de remettre en question le caractère figé, initialement supposé, du nombre quotidien de ressources. Notre dernier exemple est le temps de séjour moyen qui a, initialement, été confondu avec le seuil de retard des commandes.

Vérification des calculs Les parties calculatoires du modèle ont été vérifiées soit avec un calcul manuel soit sur Excel notamment en ce qui concerne le dimensionnement et l'affectation dynamiques des ressources (Section 3.6).

Vérification des lois de probabilités Certains paramètres du modèle sont générés suivant une loi de probabilité choisie et paramétrée après un traitement de données (voir Section 3.3). L'expérience nous a montré qu'il est préférable de vérifier les valeurs générées. La vérification de la demande générée en photocopieurs configurés à la demande, par exemple, nous a mené à repenser les lois de probabilités initialement choisies. En effet, la demande

---

[17]Les temps de production étaient déterminés par le chronométrage simple d'un exécutant lors de ses tâches productives puis l'application de certains coefficients comme le coefficient de besoins personnels, le coefficient de repos, le coefficient d'efficacité...

est décomposée en deux variables aléatoires, la première représente la durée entre deux rafales de commandes successives et la seconde représente le nombre de commandes dans une rafale (voir Section 3.3.1). En se basant sur un historique de commandes, une loi de probabilité théorique convenable a été initialement choisie pour chacune des deux variables. Cependant, l'accumulation de l'erreur liée à chacune des variables a causé un écart élevé entre l'historique de données et la demande générée. Pour cette raison, l'utilisation de lois de probabilité empiriques et plus proches de l'historique a été décidée.

Utilisation de la trace et du Debugger d'Automod Afin de suivre, pas à pas, l'enchainement de certaines instructions qui semblaient produire un comportement imprévu.

Vérifications unitaires Comme tout développement de programme informatique classique, des tests unitaires de code ont été effectués pour garantir le bon fonctionnement des différents modules du programme avant de procéder à des tests d'intégration.

Vérifications des résultats Avec différentes conditions initiales, la vraisemblance des résultats globaux du modèle sur les indicateurs de performance de l'étude ainsi que d'autres indicateurs non rapportés a été démontrée dans cette phase de vérification.

3.7.4 Validation du modèle

La validation du modèle est une étape clé de la démarche de simulation. Elle garantit la cohérence des résultats du modèle et la possibilité de les utiliser comme une aide à la décision fiable (voir Section 2.7.5.7). Elle doit porter sur toutes les composantes d'un modèle. Il nous semble nécessaire pour comprendre la suite, d'expliquer la notion de *structure* du modèle et de *données d'entrée*. La structure représente les composantes figées du modèle telles que sa logique, ses hypothèses et éventuellement ses objets (e.g. racks de stockage, machines). On trouve souvent, dans la littérature, le mot *hypothèses* (assumptions) qui semble refléter la même notion. Les *données d'entrée* (inputs), quant à elles, sont les valeurs des paramètres du modèle que l'on peut facilement modifier comme par exemple le stock initial dans un entrepôt ou le nombre de commandes à satisfaire pour un atelier de production. Dans cette étude, la validation a porté sur ces deux composantes (la structure et les données d'entrée) ainsi que sur les résultats de la simulation. Par ailleurs, l'existence d'un système réel a constitué un repère de comparaison très intéressant pour valider le scénario de base du modèle. Quant aux scénarios du système doté d'une technologie RFID qui seront prochainement présentés (Section 3.8), la validation s'est essentiellement basée sur la vraisemblance des changements par rapport au scénario de base et sur la validité de ce dernier.

3.7.5 Validation du scénario de base

3.7.5.1 Validation des processus

La structure du modèle développé dans ce chapitre est essentiellement représentée par des processus tels que le stockage, le déstockage, la préparation, le déballage, le montage et les saisies informatiques. Ces processus ainsi que les hypothèses de simplification les concernant ont été discutés à plusieurs reprises avec des experts du système réel. L'animation 3D d'Automod a constitué un support de communication très pratique durant cette tâche. Suite aux échanges avec *l'industriel*, des modifications ont été apportées au modèle à plusieurs reprises afin de représenter au mieux le système réel. Le modèle n'étant pas destiné à être une image fidèle de la réalité mais une représentation qui allie simplicité et réponse aux objectifs de l'étude, les simplifications majeures ont été décidées d'un commun accord avec *l'industriel*. Parmi ces simplifications, on trouve l'agrégation des types d'articles, la prise en compte d'un seul processus d'anomalie (la réparation), etc. Notons que l'implication de *l'industriel* dans cette phase de validation influence non seulement la validité du modèle mais aussi sa crédibilité et sa future utilisation comme une aide à la décision.

3.7.5.2 Validation des données d'entrée

Dans cette étude, on trouve, parmi les données d'entrée du modèle, la demande en photocopieurs configurés, les durées de processus, la capacité des racks de stockage... Ces données sont collectées à partir du système réel et subissent, au moins, deux déformations. D'abord au niveau de la collecte elle-même, les données peuvent être fournies avec un taux d'erreur variable (échantillons d'historique au lieu d'un historique complet, moyennes estimées au lieu des moyennes vraies ou même au lieu des valeurs que prend une variable aléatoire...). Ensuite, au niveau du traitement des données et de leur modélisation (e.g. déduction et paramétrage de lois de probabilité théoriques à partir des historiques fournis par *l'industriel*, agrégation d'un nombre élevé de types d'articles...). Ces déformations justifient la nécessité de valider les données d'entrée également.

Dans cette étude, les données d'entrée ont été fournies à partir de plusieurs sources (e.g. employés, gestionnaires, base de données...). Des échanges soutenus avec ces différentes sources, notamment de façon croisée, ont permis de s'assurer de la cohérence des données fournies ou de les modifier par des données plus rigoureuses. De plus, les traitements susceptibles de transformer les données de façon importante ont d'abord été évalués en interne en prédisant leur influence potentielle sur les résultats du modèle. Ensuite, ces traitements on été présentés et discutés avec *l'industriel*.

3.7.5.3 Validation des résultats par comparaison aux données de sortie du système réel

Sur certains indicateurs de performance, les résultats du modèle sont jugés proches de ceux du système réel. Par exemple, le temps de séjour réel moyen est de 2,01 jours (ouvrés) tandis que celui du modèle est de 1,96 jours (ouvrés). Cela représente un écart acceptable de 2,5% au niveau de cet indicateur. Cependant, nous n'avons pas pu comparer le taux d'utilisation des ressources du modèle avec celui du système réel, en raison d'une différence, découverte tardivement, entre la définition des deux indicateurs[18]. Néanmoins, dans le modèle, les taux d'utilisation des ressources sur les différentes activités varient dans des intervalles acceptables (voir les valeurs du scénario de base dans la Section 3.8.2.2).

3.7.6 Validation des scénarios RFID

Les scénarios RFID seront présentés dans la Section 3.8. Leur validation s'est essentiellement basée sur la validité du scénario de base et sur la vraisemblance des changements apportés par l'introduction de la technologie. Ces changements ont d'abord été inspirés par une revue de littérature sur les technologies RFID, leurs modes de fonctionnement et leurs applications... Ensuite, ils ont été présentés et discutés avec *l'industriel* afin de s'assurer de la possibilité de leur application dans son système.

3.7.7 Nombre de réplications

[Schriber et Brunner 2008] définissent une *réplication* comme étant une simulation utilisant la logique et les données du modèle étudié mais avec un jeu de nombres aléatoires propre à la réplication en question. En effet, dans le cas des modèles stochastiques[19], chaque variable aléatoire peut prendre un jeu de valeurs différent suivant la simulation. Pour cette raison, ce genre de modèle nécessite généralement plusieurs réplications afin de déduire les performances moyennes du système.

Selon la variabilité des paramètres d'entrée du modèle et surtout des résultats qui en découlent, plusieurs formules sont proposées dans la littérature afin de déduire le nombre de réplications nécessaires. [Law et Kelton 2000] proposent, par exemple, une formule itérative qui nécessite le choix préalable de la précision voulue au niveau des résultats. Cette formule donne le nombre de réplications nécessaires pour obtenir un résultat fiable concernant la moyenne d'une

---

[18]La définition du taux d'utilisation des ressources de *l'industriel* est la suivante : Le nombre de photocopieurs traités par une ressource multiplié par la durée de processus nominale incluant les pauses de la ressource, le tout divisé par la durée de présence de la ressource. Cet indicateur peut dépasser la valeur de 100%.

[19]Un modèle stochastique est un modèle qui contient au moins une variable aléatoire. Les résultats de chaque simulation de ce modèle sont uniques et diffèrent des résultats des autres simulations en raison de l'utilisation de nombres aléatoires. A l'opposé, les *modèles déterministes* ne contiennent aucune variable aléatoire et une seule simulation suffit pour obtenir les résultats escomptés.

variable aléatoire. La mise en place de ce genre de calculs, dans notre étude, ne nous a pas semblé nécessaire. D'abord, ces calculs sont consommateurs de temps en raison du traitement itératif des données de sortie de la simulation jusqu'à l'obtention des précisions escomptées sur tous les indicateurs de performance de l'étude. De plus, le choix d'une précision (e.g. 5%) pour chaque indicateur de performance peut s'avérer délicat et l'observation de la variabilité de façon directe peut être plus simple et plus concret.

Pour ces raisons, nous avons choisi de déterminer le nombre de réplications de façon empirique et non formelle. Un nombre de réplications initial a d'abord été choisi, puis les résultats sur les différents indicateurs de performance ont été observés (moyennes et écarts types). Ensuite, le nombre de réplications a été augmenté par bond jusqu'à l'obtention de résultats relativement stables d'un nombre de réplications donné à un autre plus élevé. Finalement, un total de 120 réplications a été choisi.

Il est à noter que la durée d'exécution de la simulation peut jouer un rôle dans le choix de la précision acceptable, et par conséquent du nombre de réplications. Ainsi, dans le Chapitre 4, nous choisirons un nombre de réplications permettant une précision plus élevée car une réplication ne dure que quelques secondes (contre 30 min approximativement pour le modèle présenté dans ce chapitre).

3.8 Expérimentation RFID

L'objectif de cette étude est de prévoir l'impact de l'introduction d'une technologie RFID dans le système réel de configuration à la demande précédemment présenté. Nous déclinons l'étude en deux phases : d'abord une première phase où nous étudions les apports directs de la RFID comme la réduction des durées de processus et la diminution de la charge de travail des ressources ou leur libération. Ensuite, dans une seconde phase (voir Chapitre 4), certains impacts plus profonds sont présentés notamment au niveau du dimensionnement et de l'affectation des ressources dans la ligne d'assemblage. Cette section est dédiée à la première phase.

3.8.1 Présentation des expérimentations

Les points forts et les faiblesses du système réel ont été présentés dans la Section 2.6. Nous rappelons certains points ci-après.

Actuellement, l'identification des produits se fait par codes-barres. La lecture de ces derniers est faite manuellement[20] et est fréquente en raison des maintes vérifications nécessaires dans un environnement de configuration à la demande (la diversité des produits agrandit le risque d'erreurs auquel il faut faire face par des vérifications). Par ailleurs, des processus de saisie informatique sont exécutés à l'entrée et à la sortie de chaque bâtiment afin de mettre à jour la

---

[20]Avec des lecteurs manuels.

base de données et de synchroniser les flux matériels et d'information. Ces processus utilisent parfois des ressources qui leur sont entièrement dédiées. Enfin, lors du processus de déballage, une traçabilité manuelle des commandes est obtenue par le découpage et la conservation des codes-barres collés sur les cartons d'emballage.

L'introduction d'une technologie d'IDentification par Radio-Fréquences des produits améliorerait ces points faibles. Le système RFID se composera essentiellement d'étiquettes RFID déposées sur les articles, de lecteurs manuels et d'un tunnel RFID à l'entrée de chaque bâtiment. Il permettra de :

1. Réduire toutes les durées de lecture d'étiquettes. En effet, la lecture sans ligne de visée des étiquettes RFID est plus rapide et plus efficace que celle des codes-barres. Nous proposons l'utilisation de lecteurs RFID manuels. Quant à la durée d'une lecture, nous n'avons trouvé, dans la littérature, qu'une seule étude donnant explicitement la durée de 15 secondes par lecture de codes-barres[21]. Dans l'étude en question, cette durée est complètement supprimée avec l'introduction d'un système RFID à lecture automatisée [Tang et al. 2011]. Dans le cas d'une lecture manuelle, la durée de lecture varie d'un industriel à un autre suivant la taille des produits, l'emplacement des étiquettes... Dans notre étude, des observations sur le terrain ont permis d'estimer le gain de temps entre une lecture manuelle de codes-barres et une lecture manuelle d'étiquettes RFID à 5 sec.

2. Supprimer les découpages de codes-barres sur les cartons d'emballage lors du processus de déballage. En effet, les puces RFID peuvent être placées directement sur les articles (sous l'emballage).

3. Automatiser les processus de saisie informatique à l'entrée des deux bâtiments (TLC et TSC) en utilisant un tunnel RFID par lequel passeraient les palettes juste après leur déchargement du camion. Au niveau du TSC, cela permet de libérer la ressource dédiée au processus de saisie.

4. Supprimer ou éventuellement réaffecter la ressource libérée du processus de saisie à l'entrée du TSC.

Ainsi nous comparerons trois scénarios :

1. Un scénario de base qui représente le système réel sans modifications.

2. Un premier scénario RFID où une ressource est libérée.

3. Un second scénario RFID où la ressource libérée est réaffectée au processus de montage. Le choix de la réaffectation s'est porté sur le processus de montage car la simulation des deux premiers scénarios montre que les ressources de montage sont les ressources les plus occupées.

---

[21]Cette durée comprend la saisie du lecteur, la localisation de l'étiquette, la lecture et le replacement du lecteur.

3.8. Expérimentation RFID

Le Tableau 3.13 récapitule les changements apportés par l'introduction d'une technologie RFID par rapport au scénario de base.

Bâtiment	Changement	Endroit et/ou instant	Valeur numérique	Scénarios RFID
	Automatisation de la réception (tunnel RFID) en dehors de l'ajustement des palettes	A l'entrée du TLC	Suppression de toute la durée du processus de réception (en dehors de la durée d'ajustement des palettes)	1 & 2
	Réduction de la durée de lecture de l'étiquette	Au moment du chargement de la palette sur le transpalette pour la stocker	Durée de chargement – 5 sec	1 & 2
TLC	Réduction de la durée de lecture de l'étiquette	Au moment du déchargement de la palette du transpalette pour la stocker	Durée de déchargement – 5 sec	1 & 2
	Réduction de la durée de 2 lectures d'étiquettes (étiquettes de la palette et/de l'adresse de stockage)	Au moment du chargement de l'article sur le transpalette pour le déstocker	Durée de chargement – 2 * 5 sec	1 & 2
	Réduction de la durée de validation de la commande à la fin du processus de préparation (lectures de code-barres articles, saisie informatique...)	Dans la zone de préparation	Durée de préparation - 1min par commande	1 & 2
	Automatisation du processus de saisie informatique (tunnel RFID)	A l'entrée du TSC	Suppression de la durée du processus	1 & 2
			Suppression d'une ressource	1
			Réalisation de la ressource libérée	2
TSC	Suppression du découpage des codes-barres des articles de la commande	Pendant le processus de déballage	Durée de déballage – 20 sec * nombre d'articles de la commande	1 & 2
	Réduction de la durée de lecture de l'étiquette	A la sortie du centre de configuration	Durée de saisie – 5 sec * nombre d'articles de la commande	1 & 2
	Réduction de la durée de lecture d'étiquette	Au niveau séparant TSC et zone d'expédition	Durée de chargement – 5 sec	1 & 2
	Réduction de la durée de lecture d'étiquette	Au moment du chargement de la palette sur le transpalette pour la changer dans le camion	Durée de chargement – 5 sec	1 & 2

TABLE 3.13 – Changements apportés par l'introduction d'une technologie RFID par rapport au scénario de base

3.8.2 Résultats

Dans cette section, les résultats sont présentés par indicateur de performance. Chacune des Figures 3.20, 3.21, 3.22, 3.23 est relative à un indicateur de performance donné et présente les résultats du scénario de base en vert (premier histogramme) et des deux scénarios RFID en saumon et en orange respectivement (second et troisième histogrammes). Le tableau 3.14 en page 136 reprend la même information en précisant les écarts de performance.

3.8.2.1 Rendement

La Figure 3.20 montre que le rendement au centre logistique augmente de façon très négligeable dans les deux scénarios RFID. Au TSC, par contre, le rendement augmente de 1% et de 4% dans les premier et deuxième scenarios RFID respectivement, par rapport au scenario de base. Le rendement total est le même que le rendement au TSC puisque la sortie du TSC est la sortie du système. Ces résultats s'expliquent par le fait que la diminution de certaines durées de processus avec l'utilisation de la RFID rend les ressources plus disponibles pour satisfaire un plus grand nombre de commandes.

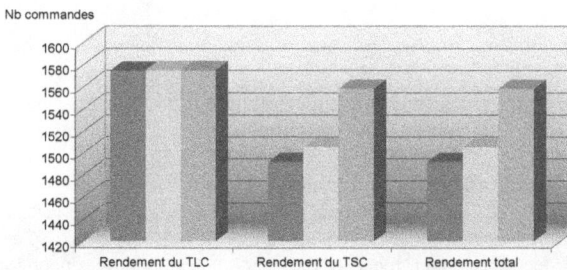

FIGURE 3.20 – Rendement

3.8.2.2 Taux d'utilisation des ressources

Dans la Figure 3.21, nous voyons que le taux d'utilisation des ressources augmente ou diminue dans les scénarios RFID par rapport au scénario de base, suivant le type de la ressource, et par conséquent suivant le processus auquel elle est dédiée. En effet, certains processus sont plus

133

rapides en raison de l'utilisation de la RFID, par contre, le nombre de commandes satisfaites (rendement) augmente comme mentionné dans la Section 3.8.2.1. Ces deux tendances opposées expliquent les résultats obtenus. Nous pouvons aussi noter que les performances des deux scénarios RFID sont proches, sauf au niveau des assembleurs, car ces derniers voient leur nombre augmenter pour le deuxième scénario RFID grâce à la ressource réaffectée.

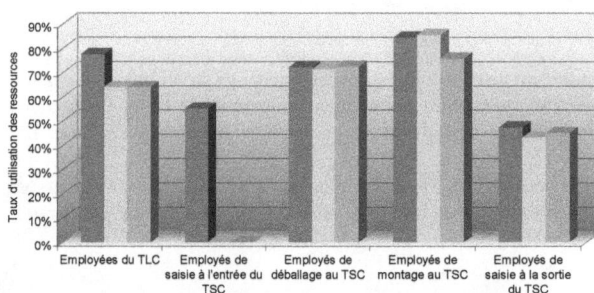

FIGURE 3.21 – Taux d'utilisation des ressources

3.8.2.3 Temps de séjour

Dans la Figure 3.22 nous pouvons voir que les temps de séjour diminuent dans les deux scénarios RFID. Ceci est dû aux durées plus courtes de certains processus intégrant la technologie. Au TLC, le temps de séjour diminue de 13 % dans les deux scénarios RFID. En ce qui concerne le TSC, le temps de séjour diminue de 16 % dans le premier scénario RFID et de 39 % dans le deuxième. Notons que l'utilisation de l'identification par radio-fréquences améliore certains processus plus que d'autres. Nous remarquons, par exemple, que le temps de séjour au TSC est plus amélioré que celui du TLC. Par conséquent, repenser l'affectation des ressources peut être une perspective intéressante. Cela permettrait d'améliorer la performance du système global en utilisant le même nombre total de ressources mais avec une répartition plus adaptée.

3.8.2.4 Taux de commandes en retard

La Figure 3.23 montre que, dans tous les scénarios, il n'y a pas de commandes en retard au TLC. Au TSC, le taux de commandes en retard est à 4% pour le scénario de base, passe à 13% pour le premier scénario RFID et revient à 4% dans le second scénario RFID. L'augmentation du taux de commandes en retard au TSC pour le premier scénario RFID n'est certainement pas désirable

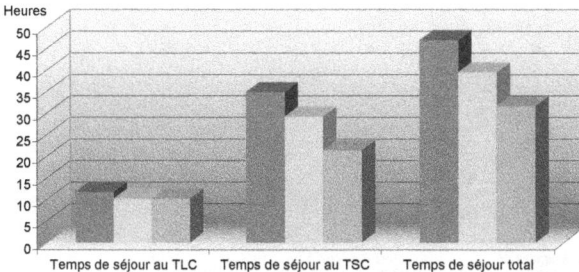

FIGURE 3.22 – Temps de séjour

mais est probablement due à l'augmentation du rendement expliquée précédemment (voir section 3.8.2.1). En effet, avec l'augmentation du nombre de commandes traitées, il est possible que le nombre de commandes en retard augmente, en particulier dans la cas où certaines commandes s'approchent mais restent en dessous de la limite qui définit le retard dans le scénario de base. Notons que la performance du second scénario RFID en termes de commandes en retard au TSC est égale à celle du scénario de base mais avec un rendement supérieur. Par ailleurs, le taux de commandes en retard au niveau du système global suit le même modèle que dans le TSC, avec des amplitudes plus faibles (2 %, 4 % et 2 % pour le scénario de base et les deux scénarios RFID respectivement). Il est à noter qu'une commande en retard au TLC ou au TSC n'est pas forcément en retard par rapport à l'objectif global de 5 jours en termes de temps de séjour. Cela explique donc pourquoi le nombre de commandes en retard au niveau du système global est inférieur à celui du TSC dans notre étude.

3.8.3 Bilan

L'introduction d'une technologie RFID dans ce système de configuration à la demande semble permettre des gains considérables en termes de temps de séjour. Au niveau de l'occupation des ressources, la libération d'une ressource pour l'utiliser dans une activité autre que la CTO ou sa réaffectation dans la chaine CTO permet une meilleure gestion des ressources disponibles.

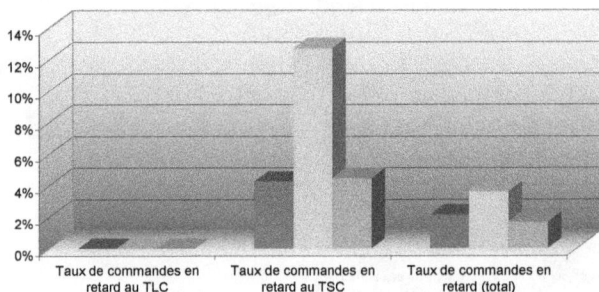

FIGURE 3.23 – Taux de commandes en retard

TABLE 3.14 – Tableau des résultats

Catégorie d'indicateurs	Indicateur de performance	Scénario de base	1er Scénario RFID	2nd Scénario RFID	Différence entre le scénario de base et le 1er Scénario RFID	Différence entre le scénario de base et le 2nd Scénario RFID
Rendement	Rendement du TLC	1574	1575	1575	0%	0%
	Rendement du TSC	1491	1505	1558	1%	4%
	Rendement total	1491	1505	1558	1%	4%
des ressources Taux d'utilisation	Employées du TLC	77%	64%	64%	-17%	-17%
	Employés de saisie à l'entrée du TSC	55%	0%	0%	-100%	-100%
	Employés de déballage au TSC	72%	71%	72%	-1%	0%
	Employés de montage au TSC	84%	85%	76%	1%	-10%
	Employés de saisie à la sortie du TSC	47%	43%	45%	-9%	-5%
Temps de séjour	Temps de séjour au TLC	12	10	10	-13%	-13%
	Temps de séjour au TSC	35	29	21	-16%	-39%
	Temps de séjour total	47	40	32	-16%	-33%
Nombre de commandes en retard	Nombre de commandes en retard au TLC	0	0	0	–	–
	Nombre de commandes en retard au TSC	61	189	68	210%	11%
	Nombre de commandes en retard (total)	30	52	24	76%	-18%
Taux de commandes en retard	Taux de commandes en retard au TLC	0%	0%	0%	–	–
	Taux de commandes en retard au TSC	4%	13%	4%	199%	5%
	Taux de commandes en retard (total)	2%	4%	2%	70%	-21%

136

3.9 Conclusion du chapitre

Nous nous somme intéressés, dans ce chapitre, à l'introduction d'une technologie RFID dans un système de configuration à la demande. L'approche adoptée est la simulation à évènements discrets. Un modèle détaillé de tout le système (un centre logistique et un centre de configuration) a été développé et des impacts directs de la technologie RFID ont été étudiés. Ces impacts concernaient l'accélération ou la suppression de certaines tâches de vérification et de saisie informatique ainsi que la suppression ou la réallocation de ressources. Les résultats ont montré une légère diminution des retards, une augmentation du rendement du système ainsi qu'une nette diminution du temps de séjour (ouvré) des commandes.

Chapitre 4

Amélioration de la politique de dimensionnement et d'affectation des ressources dans le TSC et impacts des technologies RFID sur cette politique

Nous avons précédemment présenté, dans la Section 3.6, une méthode de dimensionnement et d'affectation des ressources qui modélise la méthode appliquée par l'industriel *Toshiba* au niveau du centre de configuration (TSC). Dans ce chapitre, cette méthode fera l'objet d'une amélioration et des méthodes alternatives seront proposées. Par ailleurs, le système étudié est le même que précédemment mais est supposé intégrer une technologie RFID. Grâce à la visibilité augmentée et en temps réel des indicateurs de production apportée par cette technologie et outre ses apports directs (voir Chapitre 3), des apports supplémentaires sont possibles au niveau de la méthode d'affectation des ressources et seront exploités dans ce chapitre.

Nous commencerons donc, dans ce chapitre, par présenter un nouveau modèle de simulation développé pour l'étude[1]. Ensuite nous présenterons des optimisations visant à améliorer les paramètres de la méthode d'affectation des ressources de *l'industriel*. Puis nous proposerons deux nouvelles méthodes qui seront comparées avec la première. Le chapitre se termine par une expérimentation proposant une éventuelle reconfiguration de l'atelier.

Les sections seront organisées comme suit.

* 4.1 Introduction

* 4.2 Modèle de simulation réduit et nouvelles simplifications

* 4.3 Choix des meilleurs coefficients de répartition des ressources

---

[1]Dans la suite du chapitre, nous appellerons ce modèle : le "*modèle réduit*". Par contraste, le modèle présenté dans le Chapitre 3 sera appelé "*modèle complet*".

* 4.4 Nouvelles méthodes de dimensionnement et d'affectation des ressources

* 4.5 Comparaison des différentes méthodes de dimensionnement et d'affectation des ressources

* 4.6 Expérimentation sur l'éventuelle reconfiguration de l'atelier

* 4.7 Conclusion du chapitre

4.1 Introduction

L'introduction d'une technologie d'IDentification par Radio-Fréquences peut avoir plusieurs impacts sur un système industriel. Nous avons présenté, dans le Chapitre 3, des impacts tels que la réduction des durées de processus ou la libération de ressources, sur un cas réel étudié par simulation. Il s'agissait d'impacts directs que l'on obtiendrait avec la mise en place du système RFID et sans efforts supplémentaires. Au delà de ces apports directs, l'utilisation de la RFID peut permettre des améliorations supplémentaires à condition de repenser les processus ou l'organisation.

Dans notre cas d'étude, le système d'identification par codes-à-barres ne permet que deux recueils d'information au centre de configuration : à l'entrée et à la sortie du produit. Les déplacements et les processus successifs subis par le produit entre son entrée dans le TSC et sa sortie ne sont donc pas tracés. Il est cependant possible de mettre en place des lectures de codes-barres supplémentaires pour suivre les produits dans le TSC, mais cela entrainerait des tâches supplémentaires et une lenteur indésirable. L'IDentification par Radio-Fréquences permettrait, quant à elle, d'obtenir l'information requise sur l'avancement de la production et l'état des encours, avec une augmentation négligeable des durées de processus, en raison de la grande rapidité et de la simultanéité de la lecture des étiquettes RFID.

Dans ce chapitre, nous nous intéressons particulièrement au dimensionnement et à l'affectation dynamique des ressources au centre de configuration. Bien que certains apports de l'introduction d'une technologie RFID ont déjà été exposés (Chapitre 3), nous pensons qu'il existe un potentiel non encore exploité. Une visibilité des encours peut améliorer les décisions opérationnelles prises quotidiennement à ce niveau. Cette partie de l'étude est organisée comme suit. Un modèle simplifié et réduit (TSC uniquement) développé pour l'étude est d'abord présenté, puis des optimisations sont exécutées pour améliorer le paramétrage de la méthode d'affectation des ressources actuelle[2]. Ensuite, deux nouvelles méthodes sont proposées pour améliorer la méthode de *l'industriel*. La première méthode conserve le principe de choisir un nombre de ressources total d'abord, puis de le distribuer sur les différentes activités. La seconde méthode choisit directement le nombre de ressources nécessaires en utilisant l'information donnée par les périphériques RFID sur les encours. A la fin du chapitre, des expérimentations sur une éventuelle reconfiguration de l'atelier sont proposées.

4.2 Modèle de simulation réduit et nouvelles simplifications

Le "modèle réduit" reprend les processus étudiés dans le modèle complet (voir Figure 2.5, p. 74) mais avec des simplifications et des hypothèses supplémentaires. Ces simplifications permettent,

---

[2]La méthode de dimensionnement et d'affectation des ressources de *l'industriel* a fait l'objet d'une modélisation fidèle dans la Section 3.6. Dans le "modèle réduit", cette méthode est remplacée par une modélisation simplifiée qui conserve les mêmes principes essentiellement.

à la fois, de développer les scénarios et les études planifiées rapidement, et d'avoir un temps de calcul beaucoup plus court (de l'ordre de quelques secondes pour le "modèle réduit", contre 30 min en moyenne par réplication pour le modèle complet). L'étude d'optimisation est particulièrement consommatrice en nombre de simulations exécutées (des milliers dans notre cas) donc en temps de calcul. Le "modèle réduit" à également un grand avantage par rapport au modèle complet : il est plus générique. En effet, la simplicité supplémentaire apportée à ce modèle donne la possibilité de, très facilement, le modifier pour représenter tel ou tel cas d'étude (changement du nombre de processus, du nombre de ressources pour chaque processus, des durées des processus, passage ou non d'une commande par un processus...). Pour notre étude, nous paramétrons le "modèle réduit" avec les données du cas réel auquel nous nous sommes intéressés dans les chapitres précédents de ce manuscrit.

4.2.1 Nouvelles simplifications et hypothèses

Le "modèle réduit" comporte des hypothèses de simplification additionnelles par rapport au modèle complet présenté dans le Chapitre 3.

Périmètre restreint Les études qui s'intéressent à l'introduction de technologies RFID dans des entrepôts, comme le TLC, se focalisent souvent sur la diminution de l'incohérence du stock. Lutter contre cette incohérence, due aux mauvais placements, aux pertes de produits, aux étiquetages incorrects, etc., est en effet un des apports principaux des technologies RFID (voir Section 1.5.3.1). Dans notre cas d'étude, l'incohérence entre le stock réel et sa représentation dans le système d'information est très limitée voire inexistante. Nous pensons donc que l'essentiel de l'apport de l'introduction d'une technologie RFID au TLC a été présenté dans le Chapitre 3. C'est donc au niveau du TSC uniquement, que nous nous intéressons aux apports indirects de la technologie. L'élimination du TLC du périmètre du "modèle réduit" permet d'apprécier les résultats et l'influence des différentes politiques de façon plus précise et plus directe.

Suppression des transferts de produits par transpalettes Dans le modèle complet, les produits sont transférés d'un poste de travail à un autre par transpalettes. Cela permettait de modéliser, de façon assez précise, les durées de déplacements des produits en fonction des distances parcourues. Cependant, les distances les plus importantes sont parcourues dans le TLC, entre les palettiers et les postes de réception et de préparation. Par ailleurs, les durées des processus au TLC sont assez courtes, et les durées de déplacements ne sont pas négligeables par rapport à ces durées de processus. Au contraire, les postes de travail au TSC sont proches les uns des autres et les durées des processus sont assez longues. Cela rend les durées des déplacements négligeables en comparaison. De plus, la gestion des transpalettes dans le modèle complet est assez complexe. En effet, ces transpalettes sont modélisés sous la forme d'un système d'AGV (Automated Guided Vehicle) qui interagit avec le système de processus pour synchroniser l'utilisation des transpalettes et des ressources (humaines).

Cette complexité influence la durée d'exécution de la simulation et la durée de développement nécessaire pour mettre en place de nouveaux tests (e.g. tests d'optimisation). Pour toutes ces raisons, nous décidons de ne pas modéliser les transpalettes, en supposant que le transfert des produits d'un poste à l'autre au TSC se fait de façon instantanée.

Ressources multiples Nous avons précédemment expliqué, dans la Section 3.4, qu'il était possible de représenter une ressource humaine par une ressource à capacité unitaire ou par une unité d'une ressource à capacité multiple. Nous avons aussi affirmé qu'il était plus commode, dans certains cas, d'utiliser le deuxième type de représentation. Dans le "modèle réduit", nous choisissons donc de représenter les ressources humaines de chaque activité par une ressource unique à capacité multiple. Cette capacité variera régulièrement pour représenter la variation du nombre de ressources affectées à chaque activité.

Simplification du dimensionnement dynamique des ressources Le dimensionnement dynamique des ressources, décrit dans la Section 3.6, est assez complexe et nécessite plusieurs paramètres d'entrée ; sa complexité ne permet pas d'apprécier facilement les effets de telle ou telle expérimentation. Pour cette raison, nous préférons proposer, dans le "modèle réduit", des méthodes plus simples qui permettent de mieux comprendre l'influence de certains paramètres d'entrée sur les résultats observés. Plusieurs méthodes sont comparées. La première méthode est la déclinaison simplifiée de la méthode de *l'industriel* précédemment modélisée de façon fidèle dans la Section 3.6. La seconde méthode conserve le même principe que la première : d'abord choisir un nombre de ressources total puis le distribuer sur les différentes activités du TSC en respectant des coefficients de répartition de ressources relatifs aux activités. Cependant, une variation est apportée au niveau de cette deuxième phase de la méthode. La troisième méthode est, en revanche, très différente des deux premières et adopte un calcul en une seule phase : les nombres de ressources par activité sont calculés directement sans passer par un calcul préalable du nombre total de ressources. Ces méthodes seront expliquées en détail dans la Section 4.4.

4.2.2 Indicateurs de performance

Dans ce chapitre, certains indicateurs de performance sont différents de ceux présentés précédemment (voir Section 3.2). Tous les indicateurs qui seront utilisés, dans la suite de l'étude, sont présentés ci-après.

Temps de séjour Le temps de séjour d'une commande, dans le cas du "modèle réduit", est la durée qui sépare son arrivée au TSC et sa sortie. Cet indicateur prend en compte le séjour de la commande pendant les horaires d'ouverture et de fermeture de l'atelier en dehors des weekends (samedis et dimanches). Malgré l'éventuelle incohérence apparente liée à une inclusion partielle des durées non ouvrées, cet indicateur a l'avantage d'être adopté par *l'industriel*. Cela permet d'avoir une référence commune lors des échanges avec ce dernier et de comparer rapidement la performance des systèmes réel et simulé en utilisant directement des statistiques déjà connues par *l'industriel*. Par ailleurs, un temps de séjour en jour, dans notre cas, semble plus approprié qu'un temps de séjour en heure, d'où l'intérêt d'utiliser un indicateur de temps de séjour sous la forme ci-avant expliquée.

Nombre de commandes en retard Cet indicateur est le numérateur du *taux de commandes en retard au TSC* précédemment présenté dans la Section 3.2.4. Rappelons qu'une commande est en retard à partir d'un temps de séjour de 3 jours au TSC. Dans cette partie de l'étude, nous avons préféré un nombre plutôt qu'un taux de commandes en retard pour analyser les résultats de façon plus simple et plus directe.

Nombre de commandes satisfaites à la fin de la période simulée Identique à l'indicateur présenté dans la Section 3.2.1.

Nombre cumulé de ressources sur la période simulée Il s'agit de la somme, sur la période simulée, du nombre total de ressources utilisées chaque jour. Le nombre de ressources étant variable quotidiennement et plusieurs méthodes d'allocation des ressources étant comparées par la suite (voir Section 4.5), cet indicateur permet de prendre en compte les ressources humaines dans le calcul des coûts[3].

Nombre de commandes satisfaites / Nombre cumulé de ressources Cet indicateur exprime l'efficience du système. Il est inversement proportionnel au coût unitaire de la main d'œuvre (par commande).

4.2.3 Données d'entrée du modèle

Les données d'entrée de ce "modèle réduit" sont essentiellement celles du modèle complet à quelques exceptions près : la demande et les coefficients de répartition des ressources.

En effet, comme le périmètre de ce "modèle réduit" est différent de celui du modèle complet, les commandes à satisfaire n'ont pas la même distribution temporelle, elles arrivent regroupées par camion du TLC pour entrer au TSC. De plus, ces commandes ont subi des processus logistiques ayant des durées variables. Ces deux facteurs font que les commandes à satisfaire par le centre de configuration (point de départ du flux dans le "modèle réduit") n'ont pas le même profil temporel que celles à satisfaire par le centre logistique (point de départ du flux dans le modèle complet). Pour ces raisons, la génération des commandes à l'entrée du TSC, dans le "modèle réduit", est faite en se basant sur un historique de données réelles (voir Figure 4.1).

En ce qui concerne les coefficients de répartition des ressources dans le TSC, rappelons d'abord qu'ils sont utilisés lors du dimensionnement dynamique du nombre de ressources. Cette

---

[3]Notons qu'une ressource présente pendant une journée (composée de deux *quarts*) dans le modèle est équivalente à deux employés dans le système réel ; chacun travaillant pendant un *quart* de la journée. Par conséquent, la comparaison entre le modèle et le système réel devrait prendre en compte un facteur 2.

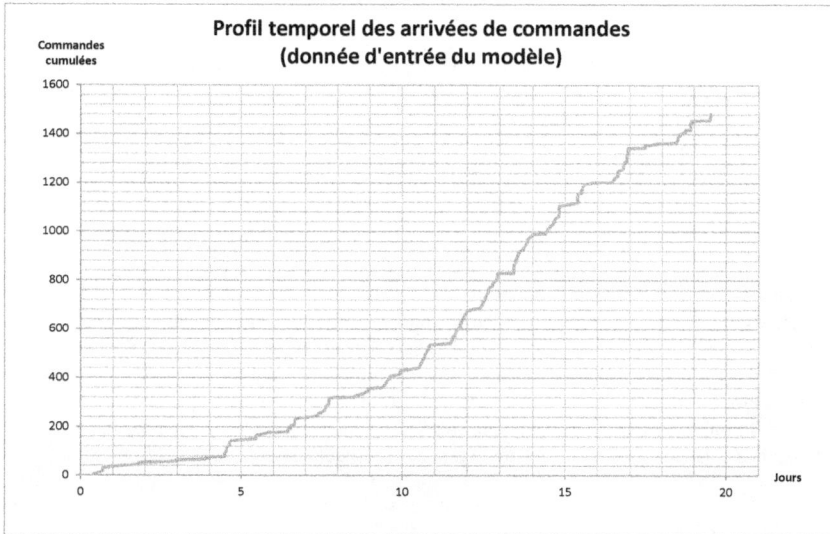

FIGURE 4.1 – Historique des arrivées de commandes à l'entrée du TSC (donnée d'entrée du modèle)

partie du fonctionnement du système fait l'objet d'une modélisation fidèle à la méthode de *l'industriel* dans la Section 3.6 et d'une modélisation simplifiée dans la Section 4.4. Les deux modélisations proposent un calcul en deux phases : d'abord choisir un nombre de ressources total puis le distribuer sur les différentes activités du TSC en respectant les coefficients de répartition de ressources relatifs aux activités. La modélisation fidèle ne donne des coefficients qu'à certaines activités. Les activités ayant un nombre de ressource constant ($= 1$) n'en bénéficient pas par exemple. Dans la modélisation simplifiée introduite pour le "modèle réduit", en revanche, un coefficient de répartition des ressources est systématiquement donné à chaque activité. L'intérêt est à la fois de tendre vers plus de simplicité et de généricité. Les coefficients sont présentés dans le Tableau 4.1.

Activité	Coefficient de répartition des ressources
Activité(1) : Saisie à l'entrée du TSC	0,25
Activité(2) : Déballage	1
Activité(3) : Montage	2
Activité(4) : Réparation	0,25
Activité(5) : Filmage et saisie à la sortie du TSC	0,5

TABLE 4.1 – Coefficients de répartition des ressources

4.2.4 Vérification du "modèle réduit"

Comme pour le "modèle complet", le "modèle réduit" a fait l'objet de plusieurs vérifications pour s'assurer qu'il fonctionne comme prévu. Les vérifications ont principalement porté sur les méthodes de dimensionnement des ressources qui seront présentées dans la Section 4.4 et qui constituent le cœur de l'étude. Les résultats de ces méthodes ont été comparés avec des calculs effectués sur le tableur Excel. De façon provisoire, les valeurs de certains paramètres ont été modifiées pour tester telle ou telle partie des algorithmes. Par exemple, le nombre total de ressources qui est normalement calculé en temps réel en fonction des commandes à faire, a été varié entre 5 et 22.

Par ailleurs, plusieurs simulations ont été exécutées pour vérifier la vraisemblance de certaines valeurs de sortie (e.g. temps de séjour moyen, utilisation des ressources, durée d'attente dans les files d'attente...). L'ensemble de ces vérifications a permis de confirmer l'adéquation entre le fonctionnement prévu du modèle et son fonctionnement après développement. En d'autres mots, cela confirme la cohérence du codage. Nous rappelons que cette étape de la démarche de simulation, à la différence de la validation (voir Section 4.2.5), ne prend en compte ni la cohérence entre le modèle et le système réel ni le respect des objectifs de l'étude.

4.2.5 Validation du "modèle réduit"

Reprenant essentiellement les mêmes données d'entrée et les mêmes processus que le modèle complet au niveau du TSC, une partie de la validation du "modèle réduit" était déjà faite (e.g. validation des processus...). La validation supplémentaire a donc essentiellement consisté à comparer les résultats de la simulation avec les performances du système réel. La Figure 4.2 et le Tableau 4.3 montrent, par exemple, la comparaison entre les temps de séjour réels et ceux issus du modèle.

On peut remarquer que les deux courbes relatives au système réel et au modèle sont proches avec un léger décalage de la courbe du modèle vers la gauche. Nous pouvons trouver deux raisons à ce décalage.

D'une part, les encours sont placés en totalité à l'entrée du TSC ou en amont du poste de déballage au début de la simulation au lieu d'être distribués sur les files d'attentes des différentes activités (voir Tableau 4.2). Dans le système réel, au contraire, les encours sont distribués sur les différentes files d'attente. Cependant, le système de codes-barres ne permet pas d'avoir une vision précise sur l'emplacement des encours. Plutôt que de les répartir aléatoirement, nous avons donc préféré les placer en totalité dans la file d'attente du déballage et ainsi mieux maitriser le comportement du système.

D'autre part, le modèle surestime légèrement le nombre de ressources en ne tenant pas compte du taux d'absence des employés (contrairement au modèle complet). Cela a pour effet d'accélérer la production et donc décaler la courbe du modèle vers la gauche.

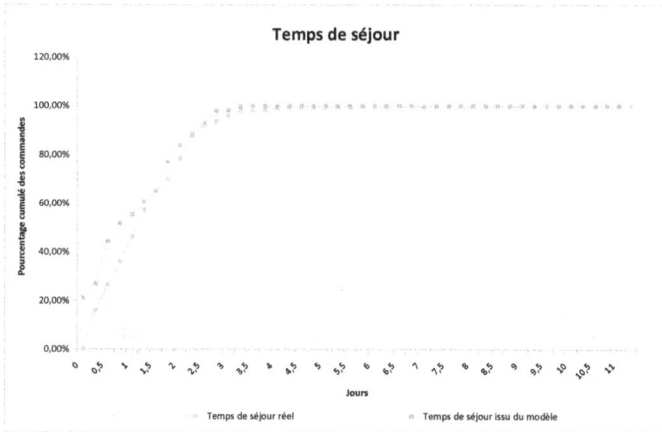

FIGURE 4.2 – Comparaison entre les temps de séjour du modèle et les temps de séjour réels

File d'attente	Encours au début de la simulation
à l'entrée du TSC, avant le processus de saisie informatique	152
avant le processus de déballage	61
avant le processus de montage	0
avant le processus de réparation	0
à la sortie du TSC, avant le processus de saisie informatique	0

TABLE 4.2 – Les encours au TSC au début de la simulation

En ce qui concerne l'indicateur des commandes en retard, une commande est considérée en retard lorsque son temps de séjour dépasse 3 jours. Les courbes du système réel et du modèle sont très proches à cette abscisse mais ne sont pas confondues. Cela donne un taux de commandes en retard de 2,03% dans le modèle et de 3,88% dans le système réel (voir Tableau 4.3). L'écart constaté est difficile à maîtriser à cause de la nature booléenne de cet indicateur. En effet, une commande ayant un temps de séjour tout juste inférieur à 3 jours *n'est pas en retard* alors qu'une autre ayant un temps de séjour exactement de 3 jours *est en retard*. Pourtant, cette différence de performance n'est généralement pas perçue d'une façon aussi catégorique dans la plupart des cas réels et ne devrait donc pas pénaliser la validité du modèle. Par ailleurs, il est intéressant de remarquer qu'à l'abscisse 2,75 jours, 7,21% des commandes ne sont pas encore satisfaites dans le modèle. On en déduit que le seuil qui correspondrait à 3.88% de commandes en retard dans le modèle, c'est-à-dire le taux de retard réel, se situe proche de 3 jours.

Le Tableau 4.4 permet de comparer des caractéristiques supplémentaires des temps de séjour réels et issus du modèle. Les deux moyennes et les deux écarts types sont proches. La moyenne des temps de séjour du modèle est inférieure de 2,16% à celle du système réel. Cela est cohérent

147

Jours	Pourcentage cumulé de commandes satisfaites	
	Modèle	Réel
0,25	21,15%	16,04%
0,5	27,07%	26,64%
0,75	44,51%	36,18%
1	51,54%	46,22%
1,25	55,43%	57,24%
1,5	60,73%	65,09%
1,75	65,23%	70,11%
2	77,00%	78,37%
2,25	83,85%	88,76%
2,5	87,92%	92,08%
2,75	92,79%	93,64%
3	97,97%	96,11%
3,25	98,21%	98,02%
3,5	99,82%	98,30%
3,75	100,00%	98,37%
4	100,00%	98,94%
4,25	100,00%	99,15%
4,5	100,00%	99,36%

TABLE 4.3 – Comparaison entre les temps de séjour du modèle et les temps de séjour réels

avec le décalage de la courbe ci-avant expliqué. En ce qui concerne l'écart type, celui du modèle est inférieur au réel de 6%. Ceci peut être explique par le fait que le modèle ne prend pas en compte certaines situations exceptionnelles ou imprévues rencontrées dans la réalité et qui donnent une plus grande variabilité à la performance du système en général. Cette hypothèse est appuyée par un temps de séjour maximum de 11 jours dans le système réel qui semble être une valeur exceptionnelle. Le temps de séjour minimum du modèle correspond à la somme des durées de processus. Il est recueilli au début de la simulation par une commande qui n'a eu aucune attente. Par contre, le temps de séjour minimum réel de 0,00 jour[4] semble être une erreur dans l'historique des données.

	Temps de séjour réel (jour)	Temps de séjour issu du modèle (jour)
Moyenne	1,24	1,22
Ecart type	0,98	0,93
Maximum	11,07	3,57
Minimum	0	0,08

TABLE 4.4 – Comparaison entre les caractéristiques les temps de cycle réels et issus du modèle

Cette comparaison entre les performances du système réel et celles du modèle (en scénario de base, sans RFID) nous permet de conclure que le modèle peut être considéré valide.

---

[4]Cette durée est en fait de 68 secondes.

4.3 Choix des meilleurs coefficients de répartition des ressources

Comme précisé précédemment, *l'industriel* choisit quotidiennement le nombre de ressources humaines présentes au TSC. Une fois ce nombre choisi, il répartit les employés sur les différentes activités du TSC en respectant au mieux des coefficients donnés à chaque activité. Plus de détails sur la méthode simplifiée de répartition des ressources sont présentés Section 4.4.2 ci-après. Nous nous intéressons ici à la valeur des coefficients. La ligne d'assemblage paramétrée avec les coefficients actuels de *l'industriel* n'a pas forcément la meilleure performance possible, et cela pour différentes raisons :

* Selon l'objectif choisi (e.g. minimiser le nombre de commandes en retard, minimiser le temps de séjour, maximiser le nombre de commandes satisfaites...), les valeurs des coefficients qui permettent d'atteindre la meilleure performance possible peuvent être différentes.

* *L'industriel* n'a pas conduit une étude d'optimisation pour définir les coefficients, mais s'est plutôt appuyé sur une vision empirique.

* La demande est changeante ainsi que les processus. Cependant, les différentes statistiques utilisées ne sont pas toujours mises à jour avec la même fréquence.

* En ce qui concerne le scénario incluant une technologie RFID, les changements apportés au système de base tels que la réduction de certaines durées de processus et la suppression d'un processus entier (saisie informatique à l'entrée du TSC) rendent les coefficients de répartition de ressources obsolètes.

Pour toutes ces raisons, nous proposons ci-après des optimisations numériques qui donneront les coefficients les plus adéquats pour le scénario de base (Section 4.3.1) et pour le scénario intégrant une technologie RFID (Section 4.3.2).

Les optimisations sont faites à l'aide du module statistique d'Automod appelé Autostat. Les variables du problème sont les coefficients de toutes les activités sauf le déballage qui reste une activité de référence ($Coeff_{Deballage} = 1$). Le coefficient d'une activité représente le nombre (réel) de ressources nécessaires pour cette activité lorsqu'un employé de déballage est présent. Par ailleurs, le processus de saisie informatique à l'entrée du TSC étant supprimé dans le scénario RFID, les variables du problème dans ce cas ne concernent que trois coefficients de répartition de ressources. Pour éviter un temps de calcul prohibitif, l'outil statistique utilisé, AutoStat, demande un intervalle de valeurs possibles pour chaque variable. Le Tableau 4.5 présente les valeurs utilisées dans notre cas. Le choix s'est porté sur des intervalles larges pour s'assurer de n'éliminer aucune possibilité. Par ailleurs, nous avons choisi de fixer la précision à 2 chiffres après la virgule. Au delà de cette précision, l'influence des valeurs serait trop faible voir nulle et l'exécution serait plus lente. Les intervalles présentés sont donc en réalité des ensembles discrets.

	Scénario de base (système actuel)		Scénario RFID	
	Valeur minimum du coefficient	Valeur maximum du coefficient	Valeur minimum du coefficient	Valeur maximum du coefficient
Activité(1) : Saisie à l'entrée du TSC	0,1	1		
Activité(2) : Déballage		1		1
Activité(3) : Montage	1	3	1	3
Activité(4) : Réparation	0,1	1	0,1	1
Activité(5) : Filmage et saisie à la sortie du TSC	0,3	1,5	0,3	1,5

TABLE 4.5 – Intervalles des variables à optimiser (coefficients de répartition des ressources)

En ce qui concerne le mécanisme de l'optimisation, Autostat se base sur un algorithme évolutionnaire[5] [Aut 2003]. Le principe de l'algorithme, est de créer, à partir d'une génération initiale de *parents* (jeu de valeurs possibles des variables du problème), une nouvelle génération (*enfants*) qui hérite des traits de chaque parent mais qui a aussi quelques différences obtenues par *mutation*. Les meilleurs *enfants*, au vu de la fonction objectif du problème, sont choisis pour devenir des *parents* à leur tour et créer la prochaine génération de solutions. Le coût d'un individu est évalué par simulation. Le mécanisme est répété jusqu'à atteindre le(s) critère(s) d'arrêt. Précisons que la méthode est heuristique et ne garantit pas l'obtention de l'optimum global. La suite du paramétrage des tests d'optimisation est donnée dans le Tableau 4.6.

Nombre de réplications par solution	1
Nombre de parents pour chaque génération	10
Critères d'arrêt	Quand 50 générations montrent moins de 5% d'amélioration du résultat
	Nombre maximum de générations = 100
Durée simulée	1 mois (21 jours ouvrés)

TABLE 4.6 – Paramétrage des tests d'optimisation

4.3.1 Optimisation des coefficients de répartition des ressources pour le scénario de base (système actuel)

Le but de cette expérimentation est de trouver les coefficients de répartition des ressources permettant la meilleure performance suivant trois objectifs distincts :

* Minimiser le temps de séjour[6] moyen des commandes.

* Minimiser le nombre de commandes en retard.

* Maximiser le nombre de commandes satisfaites à la fin de la période simulée.

---

[5]Comme son nom l'indique, un algorithme évolutionnaire s'inspire de la théorie de l'évolution en biologie.
[6]Temps de séjour : durée totale passée par la commande dans le centre de configuration (attente + processus).

Une seule fonction objectif sera optimisée à la fois. Puis, les résultats des trois différentes optimisations seront exposés.

4.3.1.1 Minimisation du temps de séjour moyen

Le Tableau 4.7 résume les résultats de la minimisation du temps de séjour moyen pour le scénario de base. Cette expérimentation montre bien que les coefficients initiaux ne donnent pas la meilleure performance en termes de temps de séjour. Ce dernier diminue de 17%[7] après optimisation. De surcroit, le retard et la productivité étant souvent corrélés au temps de séjour, les résultats montrent que le nombre de commandes en retard est annulé et que le nombre de commandes satisfaites augmente de 0,4%[8]. Par conséquent, l'objectif de minimiser le nombre de commandes en retard est également atteint.

	Activité(1) : Saisie à l'entrée du TSC	Activité(2) : Déballage	Activité(3) : Montage	Activité(4) : Réparation	Activité(5) : Filmage et saisie à la sortie du TSC
Coefficients	0.36	1	1.67	0.15	0.31
Coefficients normalisés	10%	29%	48%	4%	9%
Temps de séjour moyen	1.04				
Nombre de commandes satisfaites	1631				
Nombre de commandes en retard	0				

TABLE 4.7 – Coefficients obtenus suite à la minimisation du temps de séjour pour le modèle en scénario de base

En outre, la Figure 4.3 montrent un rapprochement entre la part de ressources que devrait prendre chaque activité parmi toutes les ressources disponibles (coefficient normalisé) et la part de durée de processus que représente l'activité parmi la charge totale de travail.

4.3.1.2 Minimisation du nombre de commandes en retard

Malgré le résultat obtenu dans la section 4.3.1.1, nous maintenons le plan d'expérience initial où l'optimisation suivant le nombre de commandes en retard est programmée. Les résultats montrent que plusieurs combinaisons de coefficients permettent d'obtenir un nombre de commandes en retard nul, voir Tableau 4.8. En ce qui concerne les autres indicateurs de performance, certaines combinaisons de coefficients donnent un meilleur nombre de commandes satisfaites que l'optimisation précédente en Section 4.3.1.1 (jusqu'à 1651[9] commandes). La performance au niveau du temps de séjour est évidemment inférieure ou égale au résultat de la Section précédente.

---

[7]le temps de séjour moyen passe de 1,22 jours avec les coefficients initiaux de répartition des ressources à 1,04 avec les coefficients optimisés.

[8]Le nombre de commandes satisfaites passe de 1624 dans le cas initial à 1631 avec les nouveaux coefficients.

[9]Le nombre 1651 n'est pas dans le Tableau 4.8 car ce dernier n'est qu'un échantillon.

151

Coefficients de répartition normalisés

Répartition de la durée des activités

■ Activité 1   ■ Activité 2   ■ Activité 3   ■ Activité 4   ■ Activité 5

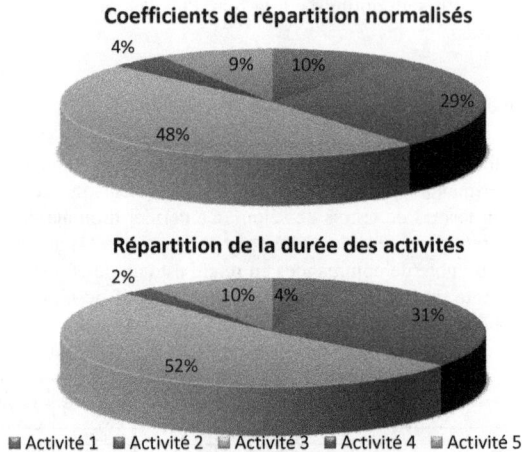

FIGURE 4.3 – Coefficients normalisés obtenus suite à la minimisation du temps de séjour pour le modèle en scénario de base

La présence de plusieurs combinaisons possibles de coefficients permettant d'annuler le retard, montre, dans ce cas précis, qu'une certaine marge est laissée dans le système pour éliminer le retard et qu'une distribution des ressources qui n'est pas parfaitement performante, pourrait, malgré tout, aboutir à une production sans retard. Cette marge est justifiée par la définition même du retard qui stipule son caractère exceptionnel. De surcroît, rappelons que le seuil de retard de 3 jours, dans notre cas, est *choisi* par *l'industriel* qui prend en compte la capacité de production de son système. Par conséquent, un nombre de commandes en retard qui resterait élevé, après optimisation, aurait traduit probablement une mauvaise conception du système, une mauvaise estimation de ses performances ou des conditions de fonctionnement exceptionnelles et temporaires.

4.3.1.3   Maximisation du nombre de commandes satisfaites à la fin de la période simulée

Le Tableau 4.9 montre les résultats de l'optimisation du nombre de commandes en retard. De nouveau, plusieurs solutions sont proposées. Sept jeux de coefficients permettent d'obtenir 1671 commandes satisfaites sur la durée simulée. Cela représente 98.5% du nombre total de commandes passées par les clients et un nombre significatif de commandes supplémentaires par rapport aux deux optimisations précédentes. En revanche, les résultats au niveau des deux indicateurs de performance restants sont assez largement dégradés : le temps de séjour moyen varie

152

		Solution 1	Solution 2	Solution 3	Solution 4	Solution 5
	Activité(1)	0,35	0,24	0,43	0,31	0,2
	Activité(2)	1	1	1	1	1
Coefficients	Activité(3)	1,64	1,68	1,63	1,67	1,74
	Activité(4)	0,21	0,23	0,16	0,17	0,46
	Activité(5)	0,31	0,33	0,3	0,31	0,3
Nombre de commandes en retard		0	0	0	0	0
Temps de séjour moyen		1,048	1,051	1,052	1,052	1,052
Nombre de commandes satisfaites		1629	1631	1628	1627	1629

TABLE 4.8 – Extrait des solutions proposées pour la minimisation du nombre de commandes en retard pour le scénario de base

entre 1,15 et 1,25 jours tandis que le nombre de commandes en retard est de 14 ou 15 commandes suivant le jeu de coefficients.

		Solution 1	Solution 2	Solution 3	Solution 4	Solution 5	Solution 6	Solution 7
	Activité(1)	0,14	0,22	0,12	0,13	0,16	0,12	0,12
	Activité(2)	1	1	1	1	1	1	1
Coefficients	Activité(3)	1,5	1,75	1,52	1,52	1,51	1,5	1,5
	Activité(4)	0,14	0,25	0,22	0,11	0,13	0,13	0,1
	Activité(5)	0,33	0,32	0,3	0,3	0,3	0,3	0,31
Nombre de commandes satisfaites		1671	1671	1671	1671	1671	1671	1671
Temps de séjour moyen		1,154	1,156	1,156	1,257	1,258	1,260	1,262
Nombre de commandes en retard		14	14	14	15	14	16	14

TABLE 4.9 – Résultats de la maximisation du nombre de commandes satisfaites pour le scénario de base

4.3.1.4 Bilan

La conclusion la plus importante de ces tests d'optimisation au niveau du "modèle réduit" représentant le système actuel de *Toshiba* est la suivante : nous avons démontré qu'il est possible d'obtenir une meilleure performance du système uniquement en modifiant les coefficients de répartition des ressources. Autrement dit, une répartition plus adéquate des ressources qui, rappelons le, sont polyvalentes, permettrait, sans investissement ni modification de l'organisation, d'améliorer les résultats du système de *Toshiba*. De façon plus détaillée, les coefficients de répartition des ressources résultant de la minimisation du temps de séjour permettent d'atteindre une bonne performance au niveau du temps de séjour évidemment mais aussi des retards, tandis que les coefficients issus de la maximisation du nombre de commandes satisfaites n'améliorent que la performance au niveau de l'indicateur en question. A la lumière de ces expérimentations, le choix des coefficients les plus adéquats revient à *l'industriel*. En effet, c'est à lui de décider s'il est plus important de répondre au maximum de commandes possible, de produire rapidement ou de produire sans retard.

4.3.2 Optimisation des coefficients de répartition des ressources pour le scénario intégrant une technologie RFID

Dans la section précédente (Section 4.3.1), l'objectif était d'améliorer les performances du système existant en choisissant des coefficients de répartition de ressources optimisés. Avant d'être améliorée, la solution de départ (les coefficients de *l'industriel*) était considérée bonne ou convenable. Dans cette section, en revanche, les coefficients de répartition des ressources de *l'industriel* ne peuvent plus être considérés comme une solution acceptable en raison des changements apportés par l'introduction d'une technologie RFID. L'optimisation devient donc une étape nécessaire.

Les expérimentations qui seront présentées, ci après, respectent les mêmes objectifs que précédemment. En ce qui concerne les variables du problème, nous agissons toujours sur les coefficients de répartition des ressources. Cependant, le coefficient de la première activité (saisie informatique à l'entrée du TSC) n'est pas pris en compte car l'activité est supprimée dans le scénario RFID contrairement au scénario de base. Il y a par conséquent, trois coefficients à varier dans les mêmes intervalles que précédemment (voir Tableau 4.5). Le paramétrage des tests d'optimisation est similaire aux expérimentations précédentes, voir Tableau 4.6.

4.3.2.1 Minimisation du temps de séjour moyen

Le Tableau 4.10 résume les résultats de la minimisation du temps de séjour moyen pour le scénario RFID. L'expérimentation montre que pour un employé de déballage (activité(2)) présent, il faudrait idéalement 1,72 employés de montage, 0,14 employé de réparation et 0,38 employé de saisie informatique à la sortie du TSC et de filmage. Ces proportions sont assez proches de la répartition de la durée de processus totale sur les différentes activités (voir Figure 4.4).

En ce qui concerne les performances du système avec ces coefficients optimisés, le temps de séjour moyen est de 0,97 jour. Cela représente une diminution de 7%[10] par rapport au scénario de base avec des coefficients optimisés et une diminution de 20%[11] par rapport au système sans RFID et sans coefficients optimisés. Par ailleurs, de même que dans l'optimisation du temps de séjour du scénario de base (voir Section 4.3.1.1), il n'y a plus de commandes en retard. Les coefficients obtenus dans cette expérimentation permettent donc d'atteindre deux objectifs à la fois : minimiser le temps de séjour moyen et minimiser le nombre de commandes en retard. Quant au nombre de commandes satisfaites à la fin de la période simulée, la valeur obtenue est de 1647 commandes. Cela représente 16 commandes supplémentaires par rapport au scénario de base avec des coefficients optimisés (voir Tableau 4.7) et 24 commandes supplémentaires par rapport au scénario de base non optimisé.

---

[10]$7\% = (1,04 - 0,97)/1,04.$
[11]$20\% = (1,22 - 0,97)/1,22.$

	Activité(1) : Saisie à l'entrée du TSC	Activité(2) : Déballage	Activité(3) : Montage	Activité(4) : Réparation	Activité(5) : Filmage et saisie à la sortie du TSC
Coefficients			1.72	0.14	0.38
Coefficients normalisés	0%	31%	53%	4%	12%
Temps de séjour moyen	0.97				
Nombre de commandes satisfaites	1647				
Nombre de commandes en retard	0				
Nombre de ressources cumulé sur la période simulée	351				

TABLE 4.10 – Coefficients obtenus suite à la minimisation du temps de séjour pour le scénario RFID

4.3.2.2 Minimisation du nombre de commandes en retard

Cette expérimentation, comme l'expérimentation de la Section 4.3.1.2, montre que plusieurs jeux de coefficients permettent d'annuler le nombre de commandes en retard, voir Tableau 4.11. En ce qui concerne les autres indicateurs de performance, certaines combinaisons de coefficients donnent un meilleur nombre de commandes satisfaites que l'optimisation précédente en Section 4.3.2.1 (jusqu'à 1652 commandes). La performance au niveau du temps de séjour est évidemment inférieure ou égale au résultat de la Section précédente.

		Solution 1	Solution 2	Solution 3	Solution 4	Solution 5	Solution 6	Solution 7	Solution 8	Solution 9
	Activité(1)									
	Activité(2)									
Coefficients	Activité(3)	1,78	1,89	1,78	1,86	1,84	1,74	1,93	1,7	1,7
	Activité(4)	0,13	0,4	0,22	0,41	0,23	0,57	0,26	0,16	0,28
	Activité(5)	0,42	0,36	0,39	0,38	0,45	0,32	0,6	0,36	0,38
Nombre de commandes en retard		0	0	0	0	0	0	0	0	0
Temps de séjour moyen		0,98	0,98	0,99	0,99	0,99	0,99	0,99	0,99	0,99
Nombre de commandes satisfaites		1649	1642	1643	1642	1652	1646	1639	1642	1641

TABLE 4.11 – Résultats de la minimisation du nombre de commandes en retard pour le scénario RFID (extrait)

4.3.2.3 Maximisation du nombre de commandes satisfaites à la fin de la période simulée

Le Tableau 4.12 montre les résultats de l'optimisation du nombre de commandes satisfaites à la fin de la période simulée. Trois jeux de coefficients permettent d'obtenir 1683 commandes satisfaites sur la durée simulée. Cela représente 99% du nombre total de commandes passées par les clients et au moins 31 commandes supplémentaires par rapport aux deux optimisations précédentes. De plus, la comparaison avec le système de base non optimisé donne une augmentation de 59 commandes et la comparaison avec le système de base optimisé pour le même objectif donne une augmentation de 52 commandes.

Par ailleurs, les résultats au niveau du temps de séjour moyen sont légèrement dégradés : la valeur de l'indicateur varie entre 1,02 et 1,03 jours. Cela représenterait une augmentation de 6%, au pire des cas, par rapport au temps de séjour optimisé en Section 4.3.2.1. Le nombre de commandes en retard, quant à lui, varie de 8 à 11 commandes suivant les cas.

Coefficients de répartition normalisés

0%

4%

12%

31%

53%

Répartition de la durée des activités

0%

3%

10%

31%

56%

■ Activité 1   ■ Activité 2   ■ Activité 3   ■ Activité 4   ■ Activité 5

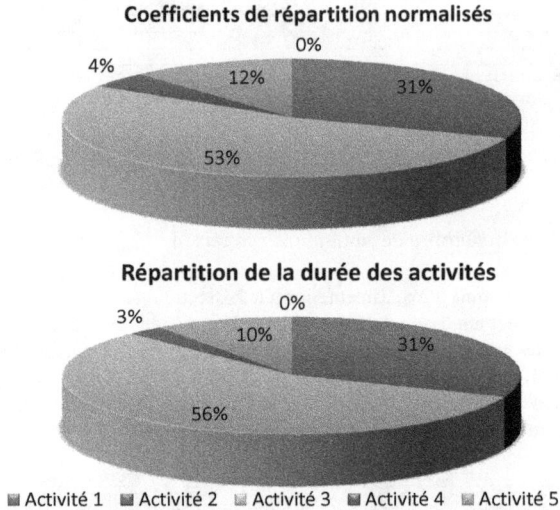

FIGURE 4.4 – Coefficients normalisés obtenus suite à la minimisation du temps de séjour pour le modèle en scénario RFID

4.3.2.4   Bilan

De nouveau, ces optimisations fournissent aux décideurs un ensemble de jeux de coefficients où piocher en fonction de ses priorités. Nous avons choisi, pour la suite de l'étude, les coefficients optimisant le temps de séjour (Tableau 4.10) qui donnent le comportement le plus optimisé sur deux indicateurs parmi les trois étudiés.

4.4   Nouvelles méthodes de dimensionnement et d'affectation des ressources

Dans cette section, nous présentons trois méthodes pour affecter les ressources humaines aux différentes activités du TSC. Les deux premières méthodes, appelées par la suite méthodes en deux phases, commencent par déterminer le nombre de ressources à planifier puis utilisent les coefficients optimisés présentés dans la section précédente pour les répartir sur les différentes activités. La troisième méthode calcule directement les ressources affectées à chaque activité. Le nombre total de ressources nécessaires est déduit par la suite comme un indicateur de performance. La

Coefficients		Solution 1	Solution 2	Solution 3
	Activité(1)			
	Activité(2)	1	1	1
	Activité(3)	1,86	1,87	1,85
	Activité(4)	0,29	0,25	0,31
	Activité(5)	0,35	0,37	0,33
Nombre de commandes satisfaites		1683	1683	1683
Temps de séjour moyen		1,02	1,03	1,03
Nombre de commandes en retard		8	11	10

TABLE 4.12 – Résultats de la maximisation du nombre de commandes satisfaites pour le scénario RFID

première méthode traduit (de manière simplifiée) le fonctionnement actuel de *l'industriel*.

4.4.1 Hypothèses et données

Pour ces différentes méthodes, nous résumons les hypothèses principales et points clés comme suit :

1. La ligne d'assemblage est composée d'une succession de processus ou activités.

2. Pour chaque activité, plusieurs postes sont installés en parallèle et chaque poste nécessite la présence d'une et une seule ressource humaine.

3. Le nombre de postes dédiés à chaque activité est constant mais le nombre de postes utilisés (par conséquent le nombre de ressources humaines) varie quotidiennement selon la charge de travail et en respectant certaines bornes.

4. La demande mensuelle, bien que variable, est connue. En effet, *l'industriel* connait approximativement le nombre de commandes à faire pour le mois. Par contre, il ne sait pas quand chaque commande arrive.

5. De façon prévisionnelle, le nombre de commandes à satisfaire pour un mois est égal à la demande mensuelle. La limitation liée à la capacité de production n'est prise en compte qu'à partir du calcul du nombre de ressources quotidien pour chaque activité. Dans le modèle complet, cette contrainte était prise en compte plus en amont dans le calcul.

6. Les ressources sont polyvalentes mais chaque ressource est dédiée à une activité unique durant un jour entier.

Les notations suivantes sont introduites pour décrire les données utilisées :

* K : nombre d'activités (groupes de postes) dans la ligne d'assemblage ; les activités sont numérotées de 1 à K dans l'ordre de la ligne,

* T : nombre de jours de l'horizon de temps considéré,

* α_k : coefficient de répartition des ressources de l'activité k,

* r_k^{min} : nombre minimal de ressources humaines à affecter à l'activité k ($r_k^{min} = 1$ dans le cadre de cette étude),

* r_k^{max} : nombre maximal de ressources humaines à affecter à l'activité k,

* d_k : durée de l'activité k pour la réalisation d'une commande,

* dem_{tot} : demande cumulée sur l'horizon de temps (en nombre de commandes),

* $prod_t$: production cumulée réalisée depuis le début de l'horizon de temps jusqu'au soir du jour t ($prod_0 = 0$),

* d_{jour} : temps de travail disponible dans une journée.

* eff_{th} : efficacité théorique des ressources. En effet, il est non envisageable de faire travailler les ressources avec un taux d'utilisation de 100%, il s'agit d'un principe de base de la théorie des files d'attente. Dans cette étude, une efficacité de 75% est prévue.

* st_k : stocks, au début de la journée, en attente pour l'activité k.

Les décisions prises par les algorithmes sont le nombre total de ressources r_{tot} à planifier et le nombre de ressources r_k affectées à chaque activité ($1 \leq k \leq K$). Les algorithmes sont exécutés chaque jour, ces données devraient donc être indicées par le temps. Dans le but de ne pas alourdir les notations inutilement, l'indice temporel n'est pas explicitement introduit.

4.4.2 Méthodes en deux phases (1 et 2)

La première phase, qui consiste à calculer le nombre total de ressources humaines à affecter r_{tot}, est décrite par l'algorithme 2. Bien que ce calcul puisse s'exprimer sous forme analytique, l'écriture algorithmique est privilégiée dans un souci de simplicité.

Algorithm 2 Calcul des ressources demandées le jour t

1: $r_{tot} \leftarrow \frac{(dem_{tot} - prod_{t-1} - \frac{1}{2}\sum_{k=1}^{K} st_k) \times \sum_{k=1}^{K} d_k}{(T-t+1) \times d_{jour} \times eff_{th}}$

2: $r_{tot} \leftarrow \lceil r_{tot} \rceil$

3: $r_{tot} \leftarrow \min(r_{tot}, \sum_{k=1}^{K} r_k^{max})$

4: $r_{tot} \leftarrow \max(r_{tot}, \sum_{k=1}^{K} r_k^{min})$

Ligne 1, le nombre total de ressources souhaitées est évalué. Pour cela, nous calculons le ratio entre la charge (en h) restante jusqu'à la fin du mois et le nombre d'heures disponibles. Le besoin est approximatif au niveau des encours. En effet, l'état d'avancement des encours n'étant pas connu, la charge de travail sur une commande en cours est estimée à la moitié de la charge de travail sur une commande en début de processus productif. Les lignes 3 à 4 permettent de s'assurer que le nombre de ressources demandées est compatible avec les besoins maximaux et minimaux des différentes activités.

Une fois le nombre de ressources connu, la deuxième phase est chargée de la répartition par activité. Les deux méthodes proposées se distinguent par la technique d'arrondi utilisée. Le schéma général des deux méthodes est présenté dans l'algorithme 3.

Algorithm 3 Répartition des ressources le jour t

1: **for** $1 \leq k \leq K$ **do**
2:     $u_k \leftarrow r_{tot} \times \frac{\alpha_k}{\sum_{k=1}^{K} \alpha_k}$
3:     $r_k \leftarrow \lfloor u_k \rfloor$
4:     $r_k \leftarrow \min(r_k, r_k^{max})$
5:     $r_k \leftarrow \max(r_k, r_k^{min})$
6: **end for**
7: **if** $\sum_{k=1}^{K} r_k > r_{tot}$ **then**
8:     $k^* \leftarrow \text{argmax}_{k=1}^{K}(r_k - r_k^{min})$
9:     $r_{k^*} \leftarrow r_{tot} - \sum_{k \in \{1,...,K\} \setminus \{k^*\}} r_k$
10: **end if**
11: $r \leftarrow r_{tot} - \sum_{k=1}^{K} r_k$
12: **if** $r > 0$ **then**
13:     **for** $1 \leq k \leq K$ **do**
14:         $u_k \leftarrow u_k - r_k$
15:     **end for**
16:     $K' \leftarrow \cup_{1 \leq k \leq K} \{k | u_k > 0, r_k < r_k^{max}\}$
17:     **while** $K' \neq \emptyset$ et $r > 0$ **do**
18:         sélectionner l'activité k prioritaire
19:         $r_k \leftarrow r_k + 1$
20:         $r \leftarrow r - 1$
21:         $K' \leftarrow K' \setminus \{k\}$
22:     **end while**
23: **end if**

Une première partie de l'algorithme consiste à évaluer de manière minimale un nombre de ressources r_k par activité (lignes 1 à 6). Pour cela, pour chaque activité, le coefficient de répartition est appliqué à r_{tot} et le résultat obtenu, u_k, est arrondi inférieurement. Comme dans l'algorithme 2, le résultat est réinséré dans l'intervalle $\left[r_k^{min}, r_k^{max} \right]$ si nécessaire. Du fait de la contrainte $r_k \geq r_k^{min}$, il peut arriver qu'après mise à jour des r_k la somme des ressources utilisées dépasse r_{tot}. Les lignes 7 à 10 sont dédiées au traitement de cette situation. La politique proposée est de sélectionner l'activité sur laquelle la marge est la plus importante et de lui supprimer les ressources nécessaires. Une fois cette partie finalisée, une réserve r de ressources non encore attribuées (ligne 11) peut éventuellement exister. Dans ce cas, ces ressources sont attribuées par ordre de priorité aux activités pour lesquelles la borne supérieure r_k^{max} n'est pas atteinte (lignes 12 à 23). A chaque activité est associée un indicateur u_k égal à la différence entre le besoin brut (déduit du coefficient α_k, voir ligne 2) et les ressources attribuées. Les activités sont alors sélectionnées une à une, pour combler ce besoin par l'ajout d'une ressource supplémentaire, tant que la réserve r le permet. L'ordre dans lequel sont sélectionnées les ressources candidates est l'objet de la procédure de sélection de la ligne 18 et différencie les deux algorithmes d'affectation de ressources. Cette procédure est décrite pour les deux cas dans les algorithmes 4 et 5.

Algorithm 4 Fonction de sélection des activités prioritaires (méthode 1)

1: $k^* \leftarrow argmax_{k \in K'}(u_k - r_k)$
2: renvoyer k^*

Algorithm 5 Fonction de sélection des activités prioritaires (méthode 2)

1: $k^* \leftarrow argmax_{k \in K'} \frac{u_k - r_k}{r_k}$
2: renvoyer k^*

Pour la méthode 1, les activités sont classées en fonction du besoin à combler (algorithme 4). Pour la méthode 2, la charge de travail additionnelle par ressource affectée est calculée et les activités sont classées en fonction de cette valeur (algorithme 5). Rappelons que la méthode 1 imite le fonctionnement actuel de *l'industriel* ; la méthode 2 affine la méthode en répartissant de manière plus homogène les surcharges.

4.4.3 Méthode 3

La philosophie de cette méthode est très différente des deux méthodes précédentes puisque cette fois le nombre de ressources par activité est calculé directement sans passer par un calcul préalable du nombre total de ressources. Le nombre total de ressources requises est calculé par la suite comme un indicateur de performance.

La nouveauté avec cette heuristique est la prise en compte des encours de chaque activité. Cette visibilité précise des encours est rendue possible grâce à l'utilisation d'une technologie RFID. Les lecteurs RFID sont implantés dans chaque poste et permettent de connaitre les encours. Nous rappelons qu'avec le système de code-barres actuel, *l'industriel* n'a de visibilité sur les produits qu'à l'entrée et à la sortie du bâtiment de configuration à la demande. La lecture de codes-barres au niveau de chaque poste ralentirait considérablement le travail. Rappelons aussi que, pour les deux heuristiques précédentes, le calcul du nombre de commandes qui restent à faire est basé sur la différence entre ce qui est prévu pour le mois et ce qui est déjà livré ou en cours de production mais de façon très approximative (voir la section précédente).

L'algorithme de calcul du nombre de ressources r_k affectées aux diverses activités est présenté dans l'algorithme 6

Le calcul de la charge dem_k, en nombre de produits, pour l'activité k (ligne 2) est effectué en considérant le nombre de commandes non encore finalisées auquel est soustrait toutes les commandes ayant déjà dépassé l'étape k. Cette charge est traduite en besoin en ressources humaines,

---

Algorithm 6 Méthode 3 pour l'affectation des ressources le jour t

---

1: **for** $1 \leq k \leq K$ **do**
2:     $dem_k \leftarrow dem_{tot} - prod_{t-1} - \sum_{k+1 \leq l \leq K} st_l$
3:     $r_k \leftarrow \frac{dem_k \times d_k}{(T-t+1) \times d_{jour} \times eff_{th}}$
4:     $r_k \leftarrow \lceil r_k \rceil$
5:     $r_k \leftarrow \min(r_k, r_k^{max})$
6:     $r_k \leftarrow \max(r_k, r_k^{min})$
7: **end for**
8: $r_{tot} = \sum_{k=1}^{K} r_k$

---

arrondie supérieurement et mise en cohérence avec les bornes inférieures et supérieures impo-sées pour l'activité k, de manière similaire aux calculs présentés dans l'algorithme 2 (lignes 3-6). L'algorithme se conclue par le calcul du nombre total de ressources qui sera utilisé comme un indicateur de performance par la suite.

4.5 Comparaison des différentes méthodes de dimensionne-ment et d'affectation des ressources

Dans cette section, nous présentons, dans la Table 4.13 et les Figures 4.5 à 4.9, les résultats obtenus par les trois méthodes sur un ensemble d'indicateurs. Les résultats présentés traduisent le comportement moyen des méthodes sur 100 réplications de la simulation.

Nous ajoutons aux trois indicateurs de performance utilisés durant les optimisations un qua-trième indicateur : le nombre de ressources cumulé[12].

	Méthode 1	Méthode 2	Méthode 3
Nombre de commandes satisfaites	1642,2	1637,7	1696,0
Temps de séjour moyen	0,99	1,04	0,65
Nombre de commandes en retard	0	2,57	0
Nombre de ressources cumulé sur la période simulée	351,7	357,30	371,90
Nb de commandes satisfaites / Nb de ressources cumulé	4,67	4,58	4,56

TABLE 4.13 – Résultats de la comparaison des trois méthodes de répartition des ressources

Les trois méthodes de dimensionnement et d'affectation des ressources montrent des résultats différents suivant les indicateurs de performance. En ce qui concerne les commandes en retard, les méthodes 1 et 3 ne génèrent pas de retard tandis que la méthode 2 affiche un retard très faible (Figure 4.5).

---

[12]Par rapport au nombre de ressources humaines réelles, une ressources simulé en représente deux car elle travaille pendant les deux quarts de la journée tandis que les employés se relaient par équipe pour chaque quart.

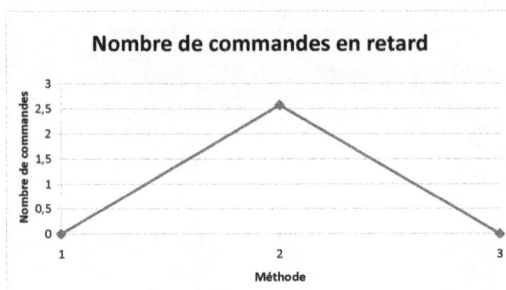

FIGURE 4.5 – Comparaison des 3 méthodes de répartition des ressources au niveau des retards

Les méthodes 1 et 2 affichent des résultats presque équivalents au niveau du nombre de commandes satisfaites tandis que la troisième méthode montre une amélioration significative (Figure 4.6).

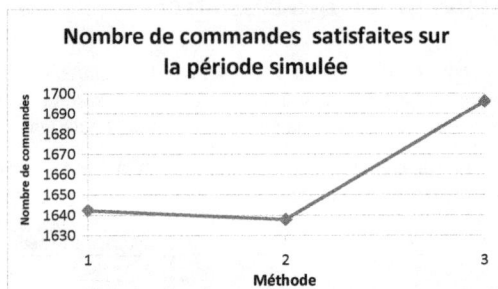

FIGURE 4.6 – Comparaison des 3 méthodes de répartition des ressources au niveau du nombre de commandes satisfaites

De la même manière, le temps de séjour moyen est presque similaire pour les deux premières méthode et très significativement amélioré pour la troisième méthode (Figure 4.7). Il diminue de 35% approximativement.

Quant au nombre cumulé de ressources sur la période simulée (Figure 4.8), la méthode 1 semble être la plus économe en ressources parmi les 3 méthodes. La méthode 2 vient au deuxième rang tandis que la troisième méthode utilise une vingtaine de ressources supplémentaires par rapport à la méthode 1.

Le rapport entre le nombre de commandes satisfaites et le nombre de ressources utilisées vient

162

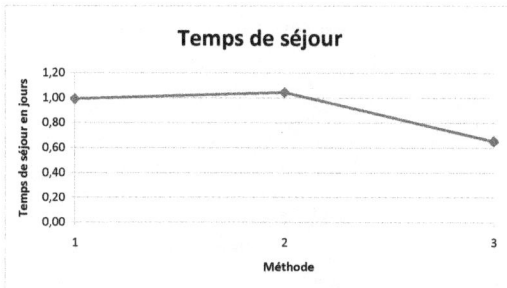

FIGURE 4.7 – Comparaison des 3 méthodes de répartition des ressources au niveau du temps de séjour

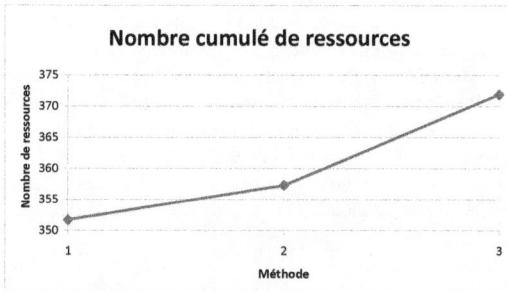

FIGURE 4.8 – Comparaison des 3 méthodes de répartition des ressources au niveau du nombre cumulé de ressources

confirmer le résultat précédent (Figure 4.9) : la méthode 1 est la méthode la plus efficiente suivi de la méthode 2. Et en dernier, la méthode 3 est visiblement la plus consommatrice en ressources. Cependant, un calcul rapide et très approximatif, que nous ne détaillons pas ici, comparant le coût d'une ressource et le gain lié à la vente d'un photocopieur montre que la consommation élevée en ressources de la méthode 3 est largement compensée par sa performance sur le nombre de commandes satisfaites.

Bilan

La méthode 3 est incontestablement la meilleure des trois méthodes tandis que la méthode 2 déçoit nos attentes. Cependant, la méthode 3 présente quelques défis organisationnels pour *l'in-*

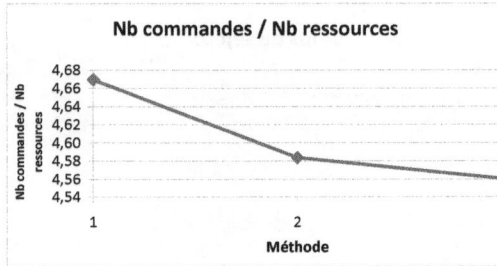

FIGURE 4.9 – Comparaison des 3 méthodes de répartition des ressources au niveau de l'efficience

dustriel car elle élimine le choix préalable d'un nombre de ressources total avant de procéder au calcul des nombres de commandes par activité. Ce choix préalable est motivé par un besoin de planification du travail expliqué dans la Section 3.6 et son élimination n'est pas anodine. Néanmoins, nous pensons que les performances très nettement améliorées grâce à la méthode 3 et à la RFID devrait inciter *l'industriel* à reconsidérer ses choix de fonctionnement. En effet, *Toshiba* a plusieurs activités autres que la configuration à la demande (voir Section 2.2), avec des ressources humaines parfois mutualisées. Par conséquent, une des solutions qui faciliterait la mise en place de la méthode 3 de dimensionnement et d'affectation des ressources serait d'adopter une mutualisation beaucoup plus large et plus dynamique des ressources humaines entre les différentes activités pour absorber les aléas liés à la configuration à la demande.

4.6 Expérimentation sur l'éventuelle reconfiguration de l'atelier

L'affectation des ressources aux différentes activités du TSC est limitée par des nombres maximums de ressources. Ces seuils traduisent les nombres de postes de travail implantés pour chaque activité. Dans cette section, l'objectif est de remettre en question ces seuils. L'expérimentation est menée sur deux systèmes différents :

1. Le système actuel de *l'industriel* (sans RFID, avec la méthode 1 d'affectation des ressources et avec les coefficients de répartition des ressources initiaux).

2. Le système amélioré (scénario RFID, avec la méthode 3 d'affectation des ressources et avec les coefficients de répartition des ressources optimisés).

Des simulations identiques aux précédentes sont réalisées en fixant à une valeur arbitrairement élevée les valeurs maximales r_k^{max}. Les résultats sont présentés dans la Table 4.14.

Les expérimentations montrent que le système actuel aurait éventuellement besoin d'un poste de travail supplémentaire au niveau de l'activité de saisie informatique à la sortie du TSC (activité 5). Par ailleurs, un poste de déballage (activité 2) et un poste de montage (activité 3) semblent superflus.

Le système amélioré, quant à lui, ne nécessite pas l'ajout de postes de travail. De plus, un poste de montage peut être supprimé et l'unique poste de saisie à l'entrée du TSC (activité 1) doit l'être d'office puisque l'activité est supprimée en présence de technologie RFID.

	Nombre de postes de travail par activité				
	Activité(1)	Activité(2)	Activité(3)	Activité(4)	Activité(5)
Système existant	1	6	12	1	2
Simulation du système actuel (scénario de base, méthode 1 d'affectation des ressources, coefficients de répartition des ressources de l'industriel)	1	5	11	1	3
Simulation du système actuel (scénario RFID, méthode 3 d'affectation des ressources, coefficients de répartition optimisés)	0	6	11	1	2

TABLE 4.14 – Résultats des expérimentations sans nombres maximums de ressources au niveau des activités

Néanmoins, pour une décision aussi importante que la reconfiguration d'un atelier, il convient d'utiliser un grand nombre de jeux de données d'entrée notamment au niveau de la demande. Ayant utilisé un seul historique de demande, nous pensons que ces résultats ouvrent le chemin vers une reconsidération des nombres de postes mais ne permettent pas de prendre une décision ferme à ce propos. Par ailleurs, pour améliorer la fiabilité de ces résultats, il conviendrait d'utiliser des durées de processus ayant une plus grande fiabilité. Ces données peuvent être obtenues par un système RFID.

4.7 Conclusion du chapitre

Dans ce chapitre, nous avons présenté de nouvelles expérimentations investiguant les possibles apports indirects de la mise en place de la RFID. Au lieu de se limiter à la diminution de la durée de certains processus, comme dans le chapitre 3, la RFID est ici utilisée pour remettre en cause des processus. Notre étude s'est focalisée sur le centre de configuration (TSC) et sur une problématique particulière : le choix du nombre d'employés et leur affectation quotidienne aux différentes activités de la ligne.

Du fait de la présence de la RFID, nous avons proposé d'une part une réoptimisation des coefficients de répartition utilisés pour l'affectation des ressources humaines aux différentes activités, d'autre part deux nouvelles méthodes de dimensionnement et d'affectation, dont la méthode dite *méthode 3* qui exploite les informations sur les encours fournies par la RFID.

Sachant que le spectre de l'étude était plus limité que dans le chapitre 3, nous avons proposé un nouveau modèle de simulation, plus simple, plus rapide, plus souple et plus générique, pour évaluer ces nouveaux scénarios. Les résultats permettent de conclure que les gains maximums peuvent être obtenus en adoptant la méthode 3, c'est-à-dire en procédant à une véritable réorganisation dans la gestion des ressources humaines dans le TSC. Dans une moindre mesure, sans changement organisationnel, les résultats prouvent également qu'une simple réoptimisation des coefficients serait déjà bénéfique.

Suite à ce travail, nous pensons qu'introduire plus de dynamisme et de flexibilité dans l'affectation des ressources humaines permettrait encore d'avantage d'améliorations. Par exemple, certains employés pourraient se partager entre plusieurs activités dans la journée, soit de manière séquentielle soit en parallèle si la topologie le permet. Une autre possibilité serait d'exploiter en temps réel l'information sur les files d'attente fournies par la RFID pour décider de réaffectations de postes. De nouvelles propositions d'algorithmes gérant ces possibilités restent à explorer. Egalement, il serait intéressant d'étendre l'étude à des ligne d'assemblage autres que celle de *Toshiba*, en exploitant la généricité du modèle développé. Enfin, de manière plus théorique, étudier les liens entre les coefficients de répartition optimums et les durées respectives des activités serait une piste intéressante à suivre.

Conclusion générale et perspectives de recherche

Conclusion générale

La conjoncture actuelle alliant, d'une part, un besoin grandissant de traçabilité des produits et, d'une autre part, des technologies d'identification automatique devenues accessibles de par leurs coûts en diminution, leur taille, la normalisation les concernant, etc., les industriels modernisent leurs processus logistiques et de production en intégrant ces technologies graduellement. Plus particulièrement, les technologies d'IDentification par Radio-Fréquences (RFID) connaissent un grand essor depuis quelques années dans les chaînes logistiques. En effet, leurs performances dépassant largement celles des codes-barres. Les étiquettes RFID sont de plus en plus présentes dans les milieux industriels pour l'identification des produits, des personnes ou autres. Avec un certain retard, ces technologies commencent à s'introduire également dans les systèmes de production. Cependant, la littérature propose peu d'études de cas réels à ce niveau [Wei et al. 2010]. De surcroît, ce nombre réduit d'études est généralement orienté vers l'implémentation de la technologie et aborde des aspects techniques ou logiciels sans une réelle comparaison entre les performances des systèmes avant et après l'introduction d'une technologie RFID. Dans cette étude, nous avons proposé, par une approche de simulation à évènements discrets, une comparaison quantitative et détaillée entre les performances d'un système de production réel adoptant le codage à barres des produits et son évolution en un système doté d'une technologie RFID. Notre intérêt s'est porté sur un mode de production particulier : la configuration à la demande (CTO). Elle consiste à proposer au client un large choix de produits et d'options qui constituent, après assemblage, un produit final configuré selon sa demande. Cette stratégie a un avantage concurrentiel grâce à la personnalisation et permet de réduire ou d'éliminer les stocks de produits finis. Outre ces avantages, elle a l'inconvénient de créer des flux de produits et d'information complexes car chaque commande est singulière, et la variété des produits ainsi que la variabilité des paramètres qui en résulte sont élevées. De surcroît, la durée de production, grandeur perçue par le client à la différence de la production sur stock, doit être minimisée. Dans cet environnement particulier, l'IDentification par Radio-Fréquences semble avoir un potentiel décuplé.

Nous avons d'abord proposé, dans ce manuscrit, une étude bibliographique englobant quatre thèmes liés à notre étude : la personnalisation des produits, les stratégies de production hybrides, les lignes d'assemblage et l'IDentification par Radio-Fréquences. Les trois premiers thèmes sont tous liés à la configuration à la demande qui est très peu présente comme telle, dans la littérature. Nous avons expliqué le contexte dans lequel est apparue la personnalisation de masse des produits et son intérêt concurrentiel. Nous avons, ensuite, présenté les différentes stratégies de production hybrides qui découlent du compromis entre la standardisation et la personnalisation. Puis nous avons détaillé les avantages et les inconvénients de chaque stratégie et plus particulièrement la CTO. Cela nous a permis de comprendre certaines particularités et certains enjeux liés au cas industriel auquel nous nous intéressons par la suite. En ce qui concerne les lignes d'assemblage, leurs caractéristiques ont été décrites en détail afin de bien situer le cas industriel en question dans cette thèse. Ensuite deux problématiques liées à cette stratégie de production ont été présentées : l'équilibrage des lignes d'assemblage et l'allocation du travail dans ces lignes. La première problématique permet de comprendre des éléments de base sur l'assemblage, la structure de la ligne et les contraintes de fonctionnement (e.g. nombres maximums de postes de travail...). La seconde problématique est directement liée à nos travaux exposés dans le Chapitre 4. Enfin, ce premier chapitre bibliographique se termine par un aperçu général des technologies RFID et de leurs apports potentiels notamment au niveau des lignes d'assemblage et de la production d'articles personnalisés. Le chapitre 2 était dédié à la présentation du cas industriel que nous avons étudié dans cette thèse et du cadre méthodologique général de notre approche. Pour le cas industriel, nous avons fourni quelques informations sur le projet GEOCO-LIS et l'entité de production *Toshiba*. Ensuite, nous avons défini les objectifs de l'étude et décrit succinctement les processus réels que nous avons, par la suite, modélisé dans les Chapitres 3 et 4. Un bilan de l'état actuel du système et des améliorations possibles a aussi été dressé afin de préparer l'étude que nous avons présentées dans les chapitres 3 et 4. En ce qui concerne le cadre méthodologique de notre approche, nous avons présenté la simulation et plus particulièrement la simulation à évènements discrets, puis nous avons décrit en détail les différentes étapes de ce genre d'approche. Nous nous sommes basés d'une part sur la littérature et d'une autre part sur notre propre expérience acquise lors de cette thèse. L'intérêt de cette description détaillée était d'expliquer au lecteur l'importance d'adopter une démarche méthodologique convenable car la négligence de certaines étapes peut s'avérer extrêmement dommageable par la suite. Comme précisé précédemment, nous nous somme par la suite intéressés à l'introduction d'une technologie RFID dans un système de configuration à la demande. L'approche adoptée était la simulation à évènements discrets. Les travaux de modélisation et de simulation ont été faits en deux parties. Dans la première partie (Chapitre 3), nous avons développé un modèle détaillé de tout le système (un centre logistique et un centre de configuration) afin d'étudier les impacts directs de la technologie RFID. Ces impacts concernaient l'accélération ou la suppression de certaines tâches de vérification et de saisie informatique ainsi que la suppression ou la réallocation des ressources libérées. Les résultats ont montré une légère diminution des retards, une augmentation du rendement du système ainsi qu'une nette diminution du temps de séjour (ouvré) des commandes. Dans la seconde partie de l'étude (Chapitre 4), nous avons porté un intérêt particulier à l'allocation dynamique des ressources dans le centre de configuration. Nous avons développé un modèle restreint, simplifié et générique au niveau de cet atelier. Puis, nous avons proposé une optimisation des paramètres de la méthode d'allocation des ressources humaines. Cette optimisation concernait le scénario de base du modèle (système actuel sans RFID) et a été réalisée pour différents objectifs (minimiser les retards, minimiser le temps de séjour...). Cette étude nous a permis de démontrer qu'il était possible, sans recours à la RFID, sans investissement et sans changement de l'organisation, de rationaliser l'utilisation des ressources humaines et de tirer un meilleur profit de ces dernières. Ensuite, nous avons proposé des coefficients optimisés pour la méthode de *l'industriel* après l'introduction d'une technologie RFID. Les changements apportés par la technologie RFID rendaient les paramètres de *l'industriel* obsolètes. Par la suite, deux nouvelles méthodes de répartition des ressources ont été proposées et comparées avec la méthode initiale. La comparaison, a montré que la méthode prenant en compte l'état des encours (grâce à la visibilité augmentée par l'introduction d'une technologie RFID) donne des performances nettement améliorées au niveau de plusieurs indicateurs de performance (diminution du temps de séjour, des retards, augmentation du rendement...). Cela appuie l'intérêt, d'une part, d'utiliser l'IDentification par Radio-Fréquences et, d'une autre part, de ne pas se contenter des apports directs qu'elle offre (diminution de certaines durées de processus, libération de certaines ressources...) mais de repenser le fonctionnement du système pour profiter au mieux de ses apports.

Nous concluons, de cette étude, que l'apport de l'IDentification par Radio-Fréquences (RFID) dans un environnement de configuration à la demande et, plus généralement, d'assemblage à la demande de produits personnalisés peut s'avérer indéniable. De plus, au delà des apports directs de la technologie tels que le gain de temps et la libération de ressources qui en découle, il est important de repenser le fonctionnement du système pour exploiter au mieux la visibilité augmentée qu'elle procure à des fins décisionnelles.

Perspectives de recherche

A la suite de ces travaux de thèse, plusieurs perspectives pourraient s'ouvrir à la recherche. Cela que ce soit pour le cas industriel *Toshiba* précisément ou pour des cas similaires de façon plus générale.

En ce qui concerne le centre logistique de *Toshiba*, l'impact principal de l'introduction d'une technologie RFID, dans nos travaux, est limité à la diminution ou l'accélération de certaines tâches de vérification ou de saisie informatique. Cependant, la littérature concernant l'introduction de technologies RFID dans des entrepôts, tels que le TLC, est abondante et évoque souvent des problèmes tels que le placement inapproprié des produits, l'incohérence des stocks, et les ruptures de stock qui en résultent, etc. (voir Section 1.5.3.1). L'IDentification par Radio-Fréquences participe souvent à la réduction ou la résolution de ces problèmes en apportant une meilleure visibilité des stocks et en permettant des réapprovisionnements appropriés (en temps et en volume). Dans le cadre de ces travaux de thèse, plusieurs raisons nous ont empêché d'exploiter les apports potentiels des technologies RFID à ce niveau. D'abord, *l'industriel* a insisté sur le caractère négligeable voir l'inexistence de ce genre d'erreurs dans le système étudié. De plus, l'approvisionnement des produits semi-finis n'étant pas géré directement par *Toshiba*, l'information sur cette partie du système (e.g. politique d'approvisionnement, stocks de sécurité, volumes approvisionnés par type d'article...) était difficile à obtenir. Néanmoins, la grande variété des produits, la diversité des vérifications et des saisies informatiques tout au long du processus logistique (preuve d'un risque potentiel d'erreurs) et la fréquence des erreurs rapportées dans la littérature nous mène à penser qu'il serait pertinent d'approfondir ce sujet.

L'introduction de la RFID peut apporter une vision en temps réel de l'avancement de la production, des encours, des taux d'utilisation des ressources... Cette visibilité augmentée a été mise à profit dans nos travaux au niveau du TSC où une méthode d'allocation quotidienne des ressources basée sur les niveaux des encours a été proposée (voir Section 4.4.3). Cependant, il est possible de redistribuer les ressources présentes plusieurs fois durant la journée, en profitant de leur polyvalence et des informations fournies par le système RFID. En effet, quand le rythme de travail au niveau des différentes activités n'est pas homogène (e.g. durées de processus mal estimées, processus exceptionnellement plus longs ou plus courts que d'habitude, goulot d'étranglement...), il peut être judicieux de redistribuer les ressources présentes sur les différentes activités de façon à s'approcher au mieux des besoins de la situation en cours. Cette distribution dynamique des ressources peut se baser sur des indicateurs tels que les volumes d'encours ou les taux d'utilisation des ressources[13] et peut être déclenchée à des instants prédéfinis (e.g. pauses) ou lorsque certains seuils sont atteints. Une autre perspective intéressante au niveau de l'introduction de technologie RFID au TSC serait de comparer différentes politiques de gestion des priorités des commandes. En effet, le système de codes-barres employé par *Toshiba* limite de façon significative le choix de la règle de priorité. La visibilité augmentée apportée par l'adoption d'un système RFID, apporterait une connaissance précise, en temps réel et sans perte de temps des commandes prioritaires dans les différentes files d'attente quelque soit la règle de priorité adoptée. Libéré des contraintes imposées par le système d'identification des produits, le choix d'une règle de priorité devient aisé. Une perspective supplémentaire (au niveau du cas industriel *Toshiba*) serait l'élargissement du périmètre de l'étude en prenant en compte d'autres catégories de produits configurés à la demande, notamment les ordinateurs portables dont la configuration est imminente ou introduite depuis peu au moment de l'écriture de ce manuscrit. De part leur taille, leur clientèle et leur demande probablement différentes de celles des photocopieurs, les apports de la RFID sur la configuration à la demande d'ordinateurs portables peut montrer des résultats différents de ceux qui sont présentés dans cette étude. D'où l'intérêt de prendre en compte cette nouvelle catégorie de produits dans les perspectives de nos travaux.

Un des indicateurs de performance importants, non pris en compte dans cette étude, est le coût et les bénéfices potentiels. [Dolgui et Proth 2010b] affirment que les coûts et les bénéfices liés à l'introduction de la RFID dans un système de production ne peuvent être évalués précisément. En effet, les coûts liés à l'adaptation du SI existant à la technologie RFID, l'impact des améliorations sur l'image de l'entreprise et leurs effets à long terme, le coût du système RFID, etc. sont toutes des grandeurs difficiles à estimer. Une perspective intéressante serait donc de réaliser une étude de retour sur investissement (ROI)[14] pour le cas *Toshiba* afin d'enrichir la littérature, pauvre à ce

---

[13]Les volumes d'encours et les taux d'utilisation des ressources sont des indicateurs souvent liés : une utilisation des ressources trop élevée est souvent accompagnée par un stock d'encours élevé. Néanmoins, il ne s'agit pas d'une équivalence : imaginons une ressource très occupée mais qui finit toujours sa tâche en cours au moment précis de l'arrivée d'une nouvelle tâche. Cela génèrerait un encours nul.

[14]Acronyme anglais pour exprimer *Return On Investment*.

niveau, d'un exemple de cas réel.

De façon plus générale, l'introduction de technologies RFID dans des systèmes d'assemblage de produits personnalisés est susceptible d'améliorer l'existant sur le court et le long terme. Nous avons démontré, dans cette thèse, plusieurs apports à court terme qui concernent le niveau opérationnel comme la gestion de l'affectation des ressources, la diminution des temps de processus et par conséquent des temps de séjour et des retards. Cependant, l'implémentation de l'IDentification par Radio-Fréquences sur le long terme permettrait d'établir des statistiques précises et fiables sur le fonctionnement du système et constituerait un support pour plusieurs décisions stratégiques. Il conviendrait donc, comme perspective, de mesurer l'apport des statistiques précises sur l'amélioration des systèmes d'assemblage de produits personnalisés.

Par ailleurs, les deux modèles de simulation proposés dans ces travaux ont été développés pour les objectifs précis de l'étude mais cela n'empêche pas une utilisation inopinée qui constituerait un support d'aide à la décision pour d'autres problèmes et questions soulevées. L'utilisation de données d'entrée, pour ces modèles, issues d'un système RFID mis en place ne peut qu'améliorer la validité des modèles et la qualité et la précision leurs résultats.

Bibliographie

[Del 1999] 1999, December. "Dell". *The Wall Street Journal*.

[Aut 2003] 2003. *AutoMod User's Guide*, Volume 84116. Salt Lake City, UT 84116 : Brooks Automation, Inc.

[Baishun et Baoding 2011] Baishun, S., et Z. Baoding. 2011, August. "The application of MES in electronic assembly industry based on RFID". In *International Conference on Artificial Intelligence, Management Science and Electronic Commerce (AIMSEC)*, 1604–1607 : IEEE.

[Baker et al. 1993] Baker, K. R., S. G. Powell, et D. F. Pyke. 1993, January. "Optimal Allocation of Work in Assembly Systems". *Management science* 39 (1) : 101–106.

[Balci 1998] Balci, O. 1998. "Verification, validation and accreditation". In *Winter Simulation Conference*, Edited by D. J. Medeiros, E. F. Watson, J. S. Carson, et M. S. Manivannan, 41–48.

[Ballou 2004] Ballou, R. H. 2004. *Business logistics/supply chain management : planning, organizing, and controlling the supply chain*. 5 ed. Pearson International edition. New Jersey : Pearson Prentice Hall.

[Banks 1998] Banks, J. 1998. "Principles of Simulation". In *Handbook of simulation*, Edited by J. Banks, Chapter 1, 3–30. John Wiley & Sons.

[Banks, Jerry 2004] Banks, Jerry 2004. "Getting started with Automod".

[Banks et al. 2010] Banks, J., J. S. Carson, B. L. Nelson, et D. M. Nicol. 2010. *Discrete-Event System Simulation*. 5 ed. Upper Saddle River, New Jersey : Prentice Hall.

[Bard 1989] Bard, J. F. 1989, June. "Assembly line balancing with parallel workstations and dead time". *International Journal of Production Research* 27 (6) : 1005–1018.

[Bartholdi 1993] Bartholdi, J. J. 1993, October. "Balancing two-sided assembly lines : a case study". *International Journal of Production Research* 31 (10) : 2447–2461.

[Bartholdi et al. 2006] Bartholdi, J. J., D. D. Eisenstein, et Y. F. Lim. 2006, February. "Bucket brigades on in-tree assembly networks". *European Journal of Operational Research* 168 (3) : 870–879.

[Bartholdi et al. 2010] Bartholdi, J. J., D. D. Eisenstein, et Y. F. Lim. 2010, April. "Self-organizing logistics systems". *Annual Reviews in Control* 34 (1) : 111–117.

[Batchelor 1994] Batchelor, R. 1994. *Henry Ford, mass production, modernism, and design.* Manchester University Press.

[Becker et Scholl 2006] Becker, C., et A. Scholl. 2006. "A survey on problems and methods in generalized assembly line balancing". *European Journal of Operational Research* 168 (3) : 694 – 715.

[Belmokhtar 2006] Belmokhtar, S. 2006. *Lignes d'usinage avec équipements standard : modélisation, configuration et optimisation.* Ph. D. thesis, Ecole Nationale Supérieure des Mines de Saint-Etienne.

[Bottani et Rizzi 2008] Bottani, E., et A. Rizzi. 2008, April. "Economical assessment of the impact of RFID technology and EPC system on the fast-moving consumer goods supply chain". *International Journal of Production Economics* 112 (2) : 548–569.

[Boucher 1987] Boucher, T. O. 1987, April. "Choice of assembly line design under task learning". *International Journal of Production Research* 25 (4) : 513–524.

[Boysen et al. 2006] Boysen, N., M. Fliedner, et A. Scholl. 2006. "A classification of assembly line balancing problems". Technical report, Friedrich-Schiller-Universität Jena, Jena, Germany.

[Boysen et al. 2007] Boysen, N., M. Fliedner, et A. Scholl. 2007, December. "A classification of assembly line balancing problems". *European Journal of Operational Research* 183 (2) : 674–693.

[Buzacott 1990] Buzacott, J. 1990, May. "Abandoning the moving assembly line : models of human operators and job sequencing". *International Journal of Production Research* 28 (5) : 821–839.

[Chakravarty 1988] Chakravarty, A. 1988. "Line balancing with task learning effects". *IIE Transactions* 20 :186 – 193.

[Chen et al. 2003] Chen, R.-S., K.-Y. Lu, S.-C. Yu, H.-W. Tzeng, et C. Chang. 2003, October. "A case study in the design of BTO/CTO shop floor control system". *Information & Management* 41 (1) : 25–37.

[Chen et al. 2008] Chen, R.-S., Y.-S. Tsai, et A. Tu. 2008. "An RFID-based manufacturing control framework for loosely coupled distributed manufacturing system supporting mass customization". *IEICE TRANSACTIONS on Information and Systems* E91-D (12) : 2834–2845.

[Chen et Tu 2009] Chen, R.-S., et M. A. Tu. 2009, May. "Development of an agent-based system for manufacturing control and coordination with ontology and RFID technology". *Expert Systems with Applications* 36 (4) : 7581–7593.

Bibliographie

[Chen et al. 2009] Chen, X., Z. X. Xie, et L. Zheng. 2009, October. "RFID-based manufacturing execution system for intelligent operations". In *International Conference on Industrial Engineering and Engineering Management*, 843–847 : IEEE.

[Cohen et al. 2005] Cohen, S., J. Roussel, et A. Daron-Berthelon. 2005. "Considérez votre supply chain comme un atout stratégique". In *Avantage supply chain : les 5 leviers pour faire de votre supply chain un atout compétitif*, Chapter 1. Editions d'Organisation.

[Daganzo et Blumenfeld 1994] Daganzo, C. F., et D. E. Blumenfeld. 1994, March. "Assembly system design principles and tradeoffs". *International Journal of Production Research* 32 (3) : 669–681.

[Davenport et al. 1996] Davenport, T., S. Jarvenpaa, et M. Beers. 1996. "Improving knowledge work processes". *Sloan Management Review* 37 (4) : 53–65.

[Delchambre 1996] Delchambre, A. 1996, March. *CAD Method for Industrial Assembly : Concurrent Design of Products, Equipments, and Control Systems*. 1 ed, Volume 15. New York, NY, USA : John Wiley & Sons, Inc.

[Dolgui et Proth 2008] Dolgui, A., et J.-M. Proth. 2008. "RFID technology in supply chain management : state of the art and perspectives". In *IFAC World Congress*. Seoul, Korea.

[Dolgui et Proth 2010a] Dolgui, A., et J.-M. Proth. 2010a. "Design and balancing of paced assembly lines". In *Supply Chain Engineering Useful Methods and Techniques* (1 ed.)., 237 – 276. Springer.

[Dolgui et Proth 2010b] Dolgui, A., et J.-M. Proth. 2010b. "Radio-frequency identification (RFID) : Technology and applications". In *Supply Chain Engineering Useful Methods and Techniques* (1 ed.)., 163 – 194. Springer.

[Dolgui et Proth 2010c] Dolgui, A., et J.-M. Proth. 2010c. *Supply Chain Engineering Useful Methods and Techniques*. 1 ed. Springer.

[Dreyer 2000] Dreyer, D. 2000. "Performance measurement : a practitioner's perspective". *Supply Chain Management Review* 4 (4) : 30–36.

[Erel et Sarin 1998] Erel, E., et S. C. Sarin. 1998, January. "A survey of the assembly line balancing procedures". *Production Planning & Control* 9 (5) : 414–434.

[Finkenzeller 2003] Finkenzeller, K. 2003. *RFID handbook : Fundamentals and applications in contactless smart cards and identification*. John Wiley & Sons.

[Fishman et Kiviat 1968] Fishman, G. S., et P. J. Kiviat. 1968. "The statistics of discrete-event simulation". *Simulation* 10 (4) : 185–195.

[Forrester 1958] Forrester, J. 1958. "Industrial dynamics : a major breakthrough for decision makers". *Harvard business review* 36 (4) : 37–66.

[Gaukler et Seifert 2007] Gaukler, G., et R. Seifert. 2007. "Applications of RFID in Supply Chains". In *Trends in Supply Chain Design and Management* (1 ed.)., Chapter I, 29–48. Springer.

[Ghiassi et Spera 2003] Ghiassi, M., et C. Spera. 2003. "Defining the Internet-based supply chain system for mass customized markets". *Computers & Industrial Engineering* 45 (1) : 17–41.

[Ghosh et Gagnon 1989] Ghosh, S., et R. Gagnon. 1989, April. "A comprehensive literature review and analysis of the design, balancing and scheduling of assembly systems". *International Journal of Production Research* 27 (4) : 637 – 670.

[Haouari et al. 2011a] Haouari, L., N. Absi, et D. Feillet. 2011a. "A simulation approach to evaluate the impact of RFID technologies on a CTO environment". In *Winter Simulation Conference*, Edited by S. Jain, R. R. Creasey, J. Himmelspach, K. P. White, et M. Fu. Arizona.

[Haouari et al. 2011b] Haouari, L., N. Absi, et D. Feillet. 2011b. "Introduction of RFID technologies in a manufacturing system A discrete event simulation approach". In *International Conference on Simulation and Modeling Methodologies, Technologies and Applications*, Edited by J. Kacprzyk, N. Pina, et J. Filipe, 523–529. Noordwijkerhout, Netherlands : SciTePress.

[Harrington 1991] Harrington, H. J. 1991. *Business Process Improvement : The Breakthrough Strategy for Total Quality, Productivity, and Competitiveness*. McGraw-Hill.

[Hauet 2006] Hauet, J.-P. 2006. "L'identification par radiofréquence (RFID) - Techniques et perspectives".

[Helgeson et al. 1954] Helgeson, W. B., M. E. Salveson, et W. Smith. 1954. "How to Balance an Assembly Line". Technical report, Division for Advanced Management.

[Hillier et Boling 1966] Hillier, F. S., et R. W. Boling. 1966. "The effects of some design factors on the efficiency of production lines with variable operation times". *Journal of Industrial Engineering* 17 (5) : 651–658.

[Hillier et So 1991] Hillier, F. S., et K. C. So. 1991, October. "The effect of machine breakdowns and interstage storage on the performance of production line systems". *International Journal of Production Research* 29 (10) : 2043–2055.

[Hillier et So 1996] Hillier, F. S., et K. C. So. 1996. "Theory and Methodology On the robustness of the bowl phenomenon". *European Journal of Operational Research* 89 (3) : 496–515.

[Hitomi 1996] Hitomi, K. 1996. *Manufacturing system engineering*. Taylor & Francis.

[Housseman 2011] Housseman, S. 2011. *Modélisation et aide à la décision pour l'introduction de technologies communicantes en milieu hospitalier*. Ph. D. thesis, Ecole Nationale Supérieure des Mines de Saint-Etienne.

Bibliographie

[Housseman et al. 2011] Housseman, S., N. Absi, D. Feillet, et S. Dauzère-pérès. 2011. "Impacts of radio-identification on cryo-conservation centers". *Transactions on Modeling and Computer Simulation* 21 (4) : 1–25.

[Hsu et Wang 2004] Hsu, H.-M., et W.-P. Wang. 2004. "Dynamic programming for delayed product differentiation". *European Journal of Operational Research* 156 :183 – 193.

[Hu et al. 2011] Hu, S., J. Ko, L. Weyand, H. ElMaraghy, T. Lien, Y. Koren, H. Bley, G. Chryssolouris, N. Nasr, et M. Shpitalni. 2011, June. "Assembly system design and operations for product variety". *CIRP Annals - Manufacturing Technology*.

[Huang et Li 2010] Huang, Y.-Y., et S.-J. Li. 2010. "How to achieve leagility : A case study of a personal computer original equipment manufacturer in Taiwan". *Journal of Manufacturing Systems* 29 (2-3) : 63–70.

[Imburgia 2006] Imburgia, M. J. 2006, June. "The Role of RFID within EDI : Building a Competitive Advantage in the Supply Chain". In *IEEE International Conference on Service Operations and Logistics, and Informatics*, 1047–1052 : IEEE.

[Jimenez et al. 2011] Jimenez, C., S. Dauzère-pérès, E. Pauly, et C. Feuillebois. 2011. "Impact of RFID technologies on helicopter processes : Assessment on costumer oriented indicators". In *American Helicopter Society 67th Annual Forum*, 2254–2263. Virginia Beach, USA : Curran Associates, Inc.

[Jones et Beltramo 1991] Jones, D. R., et M. A. Beltramo. 1991. "Solving partitioning problems with genetic algorithms". In *International Conference on Genetic Algorithms*, Edited by R. K. Belew et L. B. Booker : Morgan Kaufmann.

[Joshi 2000] Joshi, Y. V. 2000. *Information visibility and its effect on supply chain dynamics*. Master of science thesis, Massachusetts Institute of Technology.

[Kang et Gershwin 2005] Kang, Y., et S. B. Gershwin. 2005, September. "Information inaccuracy in inventory systems : stock loss and stockout". *IIE Transactions* 37 (9) : 843–859.

[Kelton et al. 2007] Kelton, W. D., R. P. Sadowski, et D. T. Sturrock. 2007. *Simulation with Arena*. 4 ed. New York : McGraw-Hill.

[Kelton et al. 2011] Kelton, W. D., J. S. Smith, et D. T. Sturrock. 2011. *Simio and simulation : Modeling, analysis, applications*. 2 ed. Simio LLC.

[Kerkkanen 2007] Kerkkanen, A. 2007. "Determining semi-finished products to be stocked when changing the MTS-MTO policy : Case of a steel mill". *International Journal of Production Economics* 108 (1-2) : 111–118.

[Kiba 2010] Kiba, T. J.-E. 2010. *Simulation et optimisation du transport automatisé dans la fabrication de semi-conducteurs*. Ph. D. thesis, Ecole Nationale Supérieure des Mines de Saint-Etienne.

[Kim et al. 2000] Kim, Y. K., Y. Kim, et Y. J. Kim. 2000, January. "Two-sided assembly line balancing : A genetic algorithm approach". *Production Planning & Control* 11 (1) : 44–53.

[Klein et Thomas 2009] Klein, T., et A. Thomas. 2009, September. "Opportunities to reconsider decision making processes due to Auto-ID". *International Journal of Production Economics* 121 (1) : 99–111.

[Kleist et al. 2005] Kleist, R. A., T. A. Chapman, D. A. Sakai, et B. S. Jarvis. 2005. *RFID Labeling : Smart Labeling Concepts & Applications for the Consumer Packaged Goods Supply Chain.* 2 ed.

[Koren et al. 1999] Koren, Y., U. Heisel, F. Jovane, T. Moriwaki, G. Pritschow, G. Ulsoy, et H. Van Brussel. 1999. "Reconfigurable manufacturing systems". *CIRP Annals-Manufacturing Technology* 48 (2) : 527–540.

[Kriengkorakot et Pianthong 2007] Kriengkorakot, N., et N. Pianthong. 2007. "The Assembly Line Balancing Problem : Review articles". *KKU Engineering Journal* 34 (April) : 133–140.

[Lampel et Mintzberg 1996] Lampel, J., et H. Mintzberg. 1996. "Customizing Customization". *Sloan Management Review* 38 (1) : 21–30.

[Landt 2005] Landt, J. 2005, October. "The history of RFID". *IEEE Potentials* 24 (4) : 8–11.

[Law et McComas 1989] Law, A., et M. McComas. 1989. "Pitfalls to avoid in the simulation of manufacturing systems". *Industrial Engineering* 21 (5) : 28–31.

[Law 1991] Law, A. M. 1991. "Secrets of successful simulation studies". In *Winter Simulation Conference*, Edited by Barry L. Nelson, W. D. Kelton, et G. M. Clark, 21–27. Phoenix, AZ , USA.

[Law et Kelton 2000] Law, A. M., et W. D. Kelton. 2000. *Simulation Modeling and Analysis.* 3 ed. McGraw-Hill.

[LeBaron et Jacobsen 2007] LeBaron, T., et C. Jacobsen. 2007, December. "The simulation power of automod". In *Winter Simulation Conference*, 210–218 : IEEE.

[Lee et al. 2001] Lee, T. O., Y. Kim, et Y. K. Kim. 2001, July. "Two-sided assembly line balancing to maximize work relatedness and slackness". *Computers & Industrial Engineering* 40 (3) : 273–292.

[Lee et al. 2004] Lee, Y., F. Cheng, et Y. Leung. 2004. "Exploring the impact of RFID on supply chain dynamics". In *Winter Simulation Conference*, Edited by R. G. Ingalls, M. D. Rossetti, J. S. Smith, et B. A. Peters, 1145 – 1152.

[Lianzhi et Fansen 2010] Lianzhi, L., et K. Fansen. 2010, November. "A Research on Quality Traceability of Transmission Assembly Process Based on RFID Technology". In *International Conference on Information Management, Innovation Management and Industrial Engineering*, 343–346 : IEEE.

Bibliographie

[Liu et Takakuwa 2011] Liu, Y., et S. Takakuwa. 2011. "Modeling of materials handling in a container terminal by using electronic real-time tracking data". In *Winter Simulation Conference*, Number 2003. Phoenix.

[Magazine et Stecke 1996] Magazine, M. J., et K. E. Stecke. 1996, May. "Throughput for production lines with serial work stations and parallel service facilities". *Performance Evaluation* 25 (3) : 211–232.

[Mendes et al. 2005] Mendes, A. R., A. L. Ramos, A. S. Simaria, et P. M. Vilarinho. 2005, November. "Combining heuristic procedures and simulation models for balancing a PC camera assembly line". *Computers & Industrial Engineering* 49 (3) : 413–431.

[Menzel et al. 2008] Menzel, K., Z. Cong, et L. Allan. 2008, October. "Potentials for Radio Frequency Identification in AEC/FM". *Tsinghua Science & Technology* 13 (October) : 329–335.

[Musselman 1998] Musselman, K. J. 1998. "Guidelines for Success". In *Handbook of Simulation*, Edited by J. Banks et J. Wiley, 721–744. New York.

[Olhager 2003] Olhager, J. 2003. "Strategic positioning of the order penetration point". *International Journal of Production Economics* 85 (3) : 319.

[Ozbakir et al. 2011] Ozbakir, L., A. Baykasoglu, B. Gorkemli, et L. Gorkemli. 2011, April. "Multiple-colony ant algorithm for parallel assembly line balancing problem". *Applied Soft Computing* 11 (3) : 3186–3198.

[Pegden et al. 1995] Pegden, C. D., R. E. Shannon, et R. Sadowski. 1995. *Introduction to simulation using SIMAN*. 2 ed. NewYork : McGraw-Hill.

[Pike et Martinj 1994] Pike, R., et G. E. Martinj. 1994, March. "The bowl phenomenon in unpaced lines". *International Journal of Production Research* 32 (3) : 483–499.

[Pinto et al. 1981] Pinto, P. A., D. G. Dannenbring, et B. M. Khumawala. 1981, September. "Branch and bound and heuristic procedures for assembly line balancing with paralleling of stations". *International Journal of Production Research* 19 (5) : 565–576.

[Poon et al. 2011] Poon, T. C., K. L. Choy, F. T. Chan, et H. C. Lau. 2011. "A real-time production operations decision support system for solving stochastic production material demand problems". *Expert Systems With Applications* 38 (5) : 4829–4838.

[Rekiek 2000] Rekiek, B. 2000. *Assembly line design*. Ph. D. thesis, Université libre de Bruxelles.

[Rekiek 2002] Rekiek, B. 2002. "State of art of optimization methods for assembly line design". *Annual Reviews in Control* 26 (2) : 163–174.

179

[Rekiek et al. 1999] Rekiek, B., P. De Lit, F. Pellichero, E. Falkenauer, et A. Delchambre. 1999. "Applying the equal piles problem to balance assembly lines". In *International Symposium on Assembly and Task Planning*, 399–404 : IEEE.

[Rekiek et Delchambre 1998] Rekiek, B., et A. Delchambre. 1998. "Ordering varinbats and simulation in multiproduct assembly lines". In *VR-Mech*, 49–54. Brussels, Belgium.

[Roberti, Mark 2003] Roberti, Mark 2003. "Analysis : RFID - Wal-Mart's Network Effect".

[Robinson et al. 1990] Robinson, L., J. McClain, et L. Thomas. 1990. "The good, the bad and the ugly : quality on an assembly line". *International journal of production research* 28 (5) : 963–980.

[Rogers 1962] Rogers, E. M. 1962. "Diffusion of innovations". *The Free Press*.

[Rohrer 1994] Rohrer, M. 1994. "AutoMod". In *Winter Simulation Conference*, 487–492 : IEEE.

[Salveson 1955] Salveson, M. E. 1955. "The assembly line balancing problem". *Journal of Industrial Engineering* 6 :18–25.

[Sarac 2010] Sarac, A. 2010. *Modélisation et aide à la décision pour l'introduction des technologies RFID dans les chaînes logistiques*. Ph. D. thesis, Ecole Nationale Supérieure des Mines de Saint-Etienne.

[Sarac et al. 2008] Sarac, A., N. Absi, et S. Dauzère-Pérès. 2008. "A simulation approach to evaluate the impact of introducing RFID technologies in a three-level supply chain". In *Winter Simulation Conference*, 2741–2749.

[Sarac et al. 2010] Sarac, A., N. Absi, et S. Dauzère-Pérès. 2010, November. "A literature review on the impact of RFID technologies on supply chain management". *International Journal of Production Economics* 128 (1) : 77–95.

[Sargent 2010] Sargent, R. G. 2010. "Verification and validation of simulation models". In *Winter Simulation Conference*, 166–183.

[Saygin et al. 2007] Saygin, C., J. Sarangapani, et S. Grasman. 2007. "A systems approach to viable RFID implementation in the supply chain". *Trends in Supply Chain Design and Management* :3–27.

[Schlesinger 1979] Schlesinger, S. 1979. "Terminology for model credibility". *Simulation* 32 (3) : 103–104.

[Schmidt et Taylor 1970] Schmidt, J. W., et R. E. Taylor. 1970. *Simulation and analysis of industrial systems*. R. D. Irwin (Homewood, Ill).

Bibliographie

[Schriber et Brunner 2008] Schriber, T. J., et D. T. Brunner. 2008, December. "Inside discrete-event simulation software : How it works and why it matters". In *Winter Simulation Conference*, Edited by S. J. Mason, R. R. Hill, L. Mönch, O. Rose, T. Jefferson, et J. W. Fowler, 182–192 : IEEE.

[Sen et al. 2004] Sen, W., S. Pokharel, et W. YuLei. 2004. "Supply chain positioning strategy integration, evaluation, simulation, and optimization". *Computers & Industrial Engineering* 46 (4) : 781–792.

[Song et Zipkin 2003] Song, J.-s., et P. Zipkin. 2003. "Supply Chain Operations : Assemble-to-Order Systems". In *Supply Chain Management : Design, Coordination and Operation*, Edited by S. Graves et A. de Kok, Volume 11 of *Handbooks in Operations Research and Management Science*, Chapter 11, 561–596. Elsevier.

[Suwannarongsri et al. 2007] Suwannarongsri, S., S. Limnararat, et D. Puangdownreong. 2007, December. "A new hybrid intelligent method for assembly line balancing". In *International Conference on Industrial Engineering and Engineering Management*, 1115–1119 : IEEE.

[Swain 2007] Swain, J. J. 2007. "New frontiers in simulation (Biennial survey of discrete-event simulation software)". *OR/MS Today* 34 (5) : 32–43.

[Swets et Drake 2001] Swets, R. J., et G. R. Drake. 2001. "The arena product family : Enterprise modeling solutions". In *Winter Simulation Conference*, Edited by B. A. Peters, J. S. Smith, D. J. Medeiros, et M. W. Rohrer, 201–208.

[Tajima 2007] Tajima, M. 2007, December. "Strategic value of RFID in supply chain management". *Journal of Purchasing and Supply Management* 13 (4) : 261–273.

[Tang et al. 2011] Tang, D., R. Zhu, W. Gu, et K. Zheng. 2011, June. "RFID applications in automotive Assembly line equipped with friction drive conveyors". In *International Conference on Computer Supported Cooperative Work in Design (CSCWD)*, Number 111056, 586–592 : IEEE.

[Tseng et al. 2010] Tseng, M., R. Jiao, et C. Wang. 2010. "Design for mass personalization". *CIRP Annals - Manufacturing Technology* 59 (1) : 175–178.

[Tu et al. 2009] Tu, M. A., J.-H. In, R.-S. Chen, K.-Y. Chen, et J.-S. Jwo. 2009, September. "Agent-Based Control Framework for Mass Customization Manufacturing With UHF RFID Technology". *IEEE Systems Journal* 3 (3) : 343–359.

[Urwick 1943] Urwick, L. 1943. *Elements of Administration*. London : Harper & brothers.

[van Donk 2001] van Donk, D. 2001. "Make to stock or make to order : The decoupling point in the food processing industries". *International Journal of Production Economics* 69 (3) : 297 – 306.

[van Lieshout et al. 2007] van Lieshout, M., L. Grossi, G. Spinelli, S. Helmus, L. Kool, L. Pennings, R. Stap, T. Veugen, B. van der Waaij, et C. Borean. 2007. "RFID Technologies : Emerging issues, challenges and policy options". Technical report, European Commission Joint Research Centre, Institute for Prospective Technological Studies.

[Vandaele et De Boeck 2003] Vandaele, N., et L. De Boeck. 2003. "Advanced resource planning". *Robotics and Computer-Integrated Manufacturing* 19 :211–218.

[Viñals 2006] Viñals, J. 2006. *L'utilisation des technologies de pointe dans le nouveau contexte de la production manufacturière.* Québec.

[Vinatier et al. 2010] Vinatier, F., A. Chailleux, P.-F. Duyck, F. Salmon, F. Lescourret, et P. Tixier. 2010, August. "Radiotelemetry unravels movements of a walking insect species in heterogeneous environments". *Animal Behaviour* 80 (2) : 221–229.

[Waldner 2008] Waldner, J. 2008. *Nanocomputers and swarm intelligence.* ISTE John Wiley & Sons.

[Wang et al. 2007] Wang, J., Z. Luo, E. C. Wong, et C. Tan. 2007, October. "RFID Assisted Object Tracking for Automating Manufacturing Assembly Lines". *IEEE International Conference on e-Business Engineering (ICEBE'07)* :48–53.

[Wang et al. 2008] Wang, S., S. Liu, et W. Wang. 2008. "The simulated impact of RFID-enabled supply chain on pull-based inventory replenishment in TFT-LCD industry". *International Journal of Production Economics* 112 :570–586.

[Wei et al. 2010] Wei, K., L. Zheng, Q. Xiang, et X. Chen. 2010, October. "Applications of RFID in a SCOR-model driven enterprise production system". In *IEEE International Conference on Industrial Engineering and Engineering Management*, 501–505 : IEEE.

[Weining et al. 2010] Weining, L., Z. Linjiang, S. Dihua, L. Xiaoyong, Z. Min, et Y. Fan. 2010, June. "RFID-based production operation management for multi-varieties and small-batch production". In *IEEE International Conference on RFID-Technology and Applications*, Number June, 1–6 : IEEE.

[Yücesan 2007] Yücesan, E. 2007. "Impact of Information Technology on Supply Chain Management". *Trends in Supply Chain Design and Management* :127–148.

[Zaharudin et al. 2006] Zaharudin, A., C. Wong, V. Agarwal, D. McFarlane, R. Koh, et Y. Kang. 2006. "The intelligent product driven supply chain". Technical report, AUTO-ID LABS.

Temps ouvré et temps réel

Dans cette étude, *l'industriel* nous a fourni des historiques de données qui ont été utilisés pour générer les données d'entrée du modèle et pour le valider. Les historiques fournissent des dates et des durées réelles, alors que l'indicateur de performance "temps de séjour" utilisé dans l'étude, ne prend pas en compte les weekends. On désire donc extraire une durée ouvrée à partir d'une durée réelle. La méthode est expliqué ci-après.

Etant donnée une durée réelle t. On supposera que la date de début arrive toujours pendant la semaine ouvrée et que la date de fin peut arriver en semaine ouvrée ou en weekend. t est composée d'une durée ouvrée $t_{ouvré}$ et d'une durée de chômée liée au weekend $t_{chômé}$. Par conséquent, $t = t_{ouvré} + t_{chômé}$. L'objectif est d'extraire $t_{ouvré}$ d'un t dont la valeur est connue. Pour extraire $t_{ouvré}$ d'une valeur connue de t, nous proposons de décomposer t en trois durées successives plus simples à manipuler t_1, t_2, et t_3. Ensuite, nous extrairons la partie ouvrée de chacune de ces durées.

Notation

t_1	Durée entre l'instant de début et le début du premier weekend. t_1 dépend de la date de début et est une donnée du problème. On notera que, dans le cas particulier où la durée t commence et se termine dans la même semaine ouvrée, t_1 garde la même définition précédemment énoncée et on a donc $t_1 \geq t$, dans ce cas précis.
t_2	Durée entre le début du premier weekend et le début du dernier weekend. Cette durée est composée d'un nombre entier de semaines commençant par un weekend.
t_3	Est composé de la durée restante qui commence au début du dernier weekend et se termine à la date de fin. Puisque la date de fin peut arriver pendant le weekend ou la semaine ouvrée, t_3 contient soit une partie du dernier weekend, soit le dernier weekend en entier et une partie de la dernière semaine ouvrée.
$d_{we} = 2\ jours$	Durée d'un weekend.
$d_{sr} = 7\ jours$	Durée d'une semaine réelle (weekend compris).
$d_{so} = 5\ jours$	Durée d'une semaine ouvrée.
$t_{i\ ouvré}$	Partie ouvrée de t_i.
$\lfloor x \rfloor$	Partie entière de x.
$[x]$	Partie à gauche de la virgule du nombre x. Si $x \geq 0$, alors $[x] = \lfloor x \rfloor$. Sinon, $[x] = \lfloor x \rfloor + 1$.

On traitera le problème suivants deux cas :

* Dans le premier cas, on supposera que t durera, au moins, jusqu'au weekend qui suit immédiatement la date de début.

* Dans le second cas, on supposera que la durée t est courte et commence et se termine dans la même semaine ouvrée.

Premier cas

La Figure .10 montre les différentes durées qui compose t dans le premier cas.

D'après sa définition, t_1 est une durée entièrement ouvrée. Donc

$$t_{1\ ouvré} = t_1 \tag{.1}$$

184

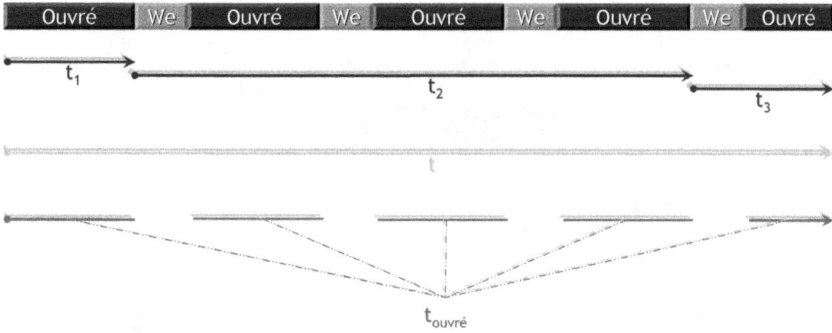

FIGURE .10 – Temps de cycle sans weekend (premier cas)

t_2 est constitué d'un nombre de semaines entier qui est de $\left\lfloor \frac{t-t_1}{d_{sr}} \right\rfloor$. Donc

$$t_2 = \left\lfloor \frac{t-t_1}{d_{sr}} \right\rfloor \times d_{sr} \qquad (.2)$$

$$t_{2\,ouvré} = \left\lfloor \frac{t-t_1}{d_{sr}} \right\rfloor \times d_{so} \qquad (.3)$$

D'après sa définition, $t_3 = t - t_1 - t_2$. En remplaçant par l'expression de t_2 dans l'équation (.2), on obtient

$$t_3 = t - t_1 - \left\lfloor \frac{t-t_1}{d_{sr}} \right\rfloor \times d_{sr} \qquad (.4)$$

Par ailleurs, si la date de fin arrive en weekend alors t_3 contient une partie ouvrée nulle. Sinon, la partie ouvrée de t_3 est obtenue en supprimant la durée de l'unique weekend de t_3. Par conséquent,

$$t_{3\,ouvré} = \max\left(0, t_3 - d_{we}\right) \qquad (.5)$$

En utilisant les équations (.4) et (.5), on obtient

$$t_{3\,ouvré} = \max\left(0, t - t_1 - \left\lfloor \frac{t-t_1}{d_{sr}} \right\rfloor \times d_{sr} - d_{we}\right) \qquad (.6)$$

Puisque $t_{ouvré} = t_{1\,ouvré} + t_{2\,ouvré} + t_{3\,ouvré}$ et en utilisant les équations (.1), (.3) et (.6), on obtient

$$t_{ouvré} = t_1 + \left\lfloor \frac{t-t_1}{d_{sr}} \right\rfloor \times d_{so} + \max\left(0, t - t_1 - \left\lfloor \frac{t-t_1}{d_{sr}} \right\rfloor \times d_{sr} - d_{we}\right) \qquad (.7)$$

185

Deuxième cas

La Figure .11 montre la composition de la durée t dans le deuxième cas. On voit que dans ce

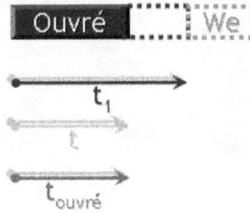

FIGURE .11 – Temps de cycle sans weekend (second cas)

cas :

$$t \leq t_1 \tag{.8}$$
$$t_2 = 0 \tag{.9}$$
$$t_3 = 0 \tag{.10}$$

On voit aussi que la durée t est entièrement ouvrée, donc :

$$t_{ouvré} = t \tag{.11}$$

Généralisation

Les Equations (.7) et (.11) peuvent être écrites sous la forme commune suivante :

$$t_{ouvré} = \min\{t_1, t\} + \left[\frac{t - t_1}{d_{sr}}\right] \times d_{so} + \max\left(0, t - t_1 - \left[\frac{t - t_1}{d_{sr}}\right] \times d_{sr} - d_{we}\right) \tag{.12}$$

186

www.ingramcontent.com/pod-product-compliance
Lightning Source LLC
Chambersburg PA
CBHW021049210326
41598CB00016B/1148

9 783838 141152